永恒如新的
日常设计

timeless, self-evident

小林和人

Roundabout
OUTBOUND

邱喜丽 译

广西师范大学出版社

永恒如新的
日常设计

小林和人
Kazuto Kobayashi

Roundabout
OUTBOUND

邱喜丽 译

广西师范大学出版社
· 桂林 ·

timeless   self-evident

前言

每次只要想到关于日用品的描述，脑海中总会浮现曾经阅读过的一篇趣文。

意大利知名艺术家兼设计师布鲁诺·莫纳利[Bruno Munari]曾写过一本书《设计的艺术》[Design as Art]，其中收录一篇散文"如梦似幻的礼品"，讲述莫纳利有次经过礼品店，走进店里逛逛竟撞见马靴造型的雨伞架、平底锅造型的时钟、像花束一般的灯罩等，仿佛梦里才会出现的奇幻礼品。当他满怀好奇心，仔细盯着橱窗里的展示时，又看到"像祭司帽子般的雪茄盒、如剑一样的拆信刀、蛇一般扭曲的气压计、还有压路机造型的吸墨器、长得像葡萄酒搬运车的烟盒、摆在客厅里宛如金库的藏酒窖，甚至像战士盔甲一样的摆饰品却是个冰箱……" *

莫纳利为这一大堆浮夸不实、设计庸俗的礼品搞得眼花撩乱、头晕目眩，最后忍不住发出了这样的呐喊：

"我想要买的是再正常不过的烟斗，然后放入真的烟草，用看起来就是火柴的火柴点上，抽着烟斗样的烟草才有真正抽烟的感觉嘛！坐在长得像椅子的椅子上，在看起来像个茶几的茶几上摆个正常普通的杯子，然后再注入满满的咖啡好好享受。" **

这篇文章读到后来其实是则讽刺笑话吧？

有时候观察很多人的随身用品，普遍存在着许多所谓"仿佛梦里才会出现的奇幻礼品"。设计师和创作者们像是铆足劲为了标新立异、吸引消费者驻足把玩，一股脑儿地纷纷投注了鲁莽的艺术性于设计当中。

在这充斥着过度设计的浪潮里，我还是希望挑选商品时能秉持"长得像杯子的杯子"的原则。何谓"长得像杯子的杯子"呢？也就是要具备杯子应有的元素及功能，"好比摆放时要平稳，里面装着水时单手就能轻易拿起，啜饮时水能顺畅地从杯里流入口中，好清洗，易风干"，我认为像这样缜密思考过的一连串机能性伴随着生活必需性才是实在的好物。换句话说，便是针对不同用途而设计出适切的形状和材质，并以高质量制作出来的生活日用品。确实许多物品会随着时间渐渐失去其原有的新意，但我觉得在这当中，往往"长得像杯子的杯子"的设计却不会因时间而变得老旧，像这样以不变应万变的简约，反而在一片哗众取宠的物品中显露出强烈的存在感。

虽然时间的流逝无法如同拂过脸颊的风一般让人察觉，但是我们总能从树干一圈一圈的年轮去想象凝缩其中的光阴。因此在负责室内装潢设计的建筑师新关谦一郎先生的提议下，我在第二间店"OUTBOUND"空间里运用了直木纹且纹路非常密集的香杉木作为展示商品的隔板。除了象征"时间"的意涵之外，每当欣赏着固定间隔排列的木板上优美的纹路，也觉得与这些美好的日用品一同相处的时光就像年轮一样，一圈圈地刻画在心头。

虽然这本书书名里头有个"新"字，介绍的并不是前所未见、全新的物品。随着你一页页翻阅，甚至会发现都是你时常见到的东西。但我认为这当中的每一件日用品，却都能迎合我们日新月异的生活环境，每一次使用它们都能发掘其新的一面。这个书名也蕴含着我想传达的理念："既是杯子就让它长得个杯子吧！"这才是"永恒如新"、经得起时间考验的设计。

本书呈现的170件物品，几乎都在我的店里有贩卖，也是我在生活中实际使用得到的。里面有的是长期受到消费者拥护的常销商品，也有刚上市没多久的新玩意儿；有工业化量产的商品，也有手工创作出来的限量对象，我想尽可能广泛地介绍各种样貌的日用品给大家。

至于这本书对于读者而言，如果它能成为你们结识这些日常好物的机会，并让它们进驻大家的生活，且能够在每一次回头翻阅这本书时都提供大家新的发现和不同的欣赏角度，便算是带给我超乎预期的欣慰与喜悦了。

*．**｜收录自《设计的艺术》，小山清男 译；戴维出版社出版

目录

CONTENTS

008　前言

015　不锈钢四方盘
016　不锈钢厨房用具
019　VITLAB ｜ 计量杯
020　OXO ｜ 萝卜磨泥器
　　　野田珐琅 ｜ 漏斗、奶油加热杯
　　　Arc International ｜ 果酱罐
　　　捷克军用品 ｜ 捣钵
　　　STOCKMAR ｜ 颜料罐
　　　ritter ｜ 削皮器
022　柳宗理 ｜ 不锈钢碗盆、网篮
023　柳宗理 ｜ 不锈钢水壶
028　Turk ｜ 经典平底锅
　　　野田珐琅 ｜ white series 长方形附盖珐琅保鲜盒
　　　柳宗理 ｜ 黑色奶油抹刀
　　　kanal snickeriet AB ｜ 砧板
　　　L'ALBERO DI OLIVO ｜ 捣钵
　　　Kracht ｜ 厨房用布巾
029　一柳京子 ｜ 水壶
　　　井藤昌志 ｜ 椭圆形木盒
030　一柳京子 ｜ 钵
　　　须田二郎 ｜ 木碗
　　　芦田贞晴 ｜ 八角型漆筷
　　　真木织品工作室 ｜ 品茶餐垫
　　　井山三希子 ｜ 圆碗
　　　木下宝 ｜ 壶嘴碗
031　小高千绘 ｜ 浅盘、圆碗、深型盘
032　DESIGN HOUSE Stockholm ｜ 冰块灯
　　　guillemets layout studio ｜ 自在钩、香炉
035　辻和美 ｜ 施与受之器
036　Babaghuri ｜ 胶带台
　　　guillements layout studio ｜ 名片盒
　　　DANESE ｜ AMELAND 拆信刀
037　Zwillinge ｜ 明信片收纳盒 Koba
　　　藤川孝之 ｜ 版画明信片
　　　J.Herbin ｜ 玻璃蘸水笔、律师墨水
038　Arne Jacobsen ｜ Bankers 壁钟
039　辻野刚 ｜ olive stained 圆拱型玻璃罩
　　　SKRUF ｜ Bellman 水壶、酒杯

040　Robert Herder ｜面包刀

　　A di ALESSI ｜ Glass Family 红酒杯

　　ScanWood ｜面包用砧板

043　A di ALESSI ｜ A tempo 杯盘沥水架

　　iittala ｜ Teema 马克杯、餐盘

　　fog linen work ｜厨房用布巾

　　真木织品工作室｜白麻拭布

　　龟之子束子西尾商店｜马鬃魔术洗瓶刷

045　Zwlling J.A. Henkels ｜ TWIN Classic 料理剪刀

　　Terraillon ｜ BA22 机械式磅秤

046　野田珐琅｜圆形洗涤桶

　　Spuma di Sciampagna ｜洗衣皂

047　各式晒衣夹

049　Kay Bojesen ｜不锈钢餐具

　　WMF ｜ Boston 餐具组

　　GENSE ｜ FOLKE STEEL 系列餐具

　　A di ALESSI ｜ KnifeForkSpoon 系列餐具

　　法国军用品｜餐具

　　瑞士军用品｜餐具

050　Saturnia ｜ Tivoli 商业用餐盘

051　MUCU ｜金属钢珠笔

　　MUCU ｜空白笔记本

052　X-ACTO ｜ Ranger 55 削铅笔机

　　GLENROYAL ｜书衣

　　Rapid ｜ K2 订书机

　　德国制｜两孔打孔机

　　fisher SPACE PEN ｜ CAP ACTION standard 钢珠笔

056　BALLOGRAF ｜ Epoca P 圆珠笔

　　MILAN ｜ No.112 橡皮擦

　　Hoechstmass ｜ Rollfix 卷尺

　　Rapid ｜ K1 钳型订书机

　　ScanWood ｜胶带台

　　Rhodia ｜便条笔记本

057　H.P.E. ｜蓝靛族手缝杯垫

059　House. 增满兼太郎｜皮革桶

　　印度制｜水牛皮室内拖鞋

　　比利时制｜二手古董衣架

　　瑞典军用品｜铁制水桶

060　XEROX 工厂用品｜铁制收纳箱

061　"触媒"一般的各种五金零件

062　klause 石原英树｜麂皮背包

063　KANGURO ｜ 橡胶水桶

065　儿玉美重 ｜ 铁钵篮

　　　PANTALOON ｜ SEAM! 编织碗

　　　A di ALESSI ｜ Peneira 不锈钢滤网篮

066　E&Y ｜ edition HORIZONTAL yours

070　柏木圭 ｜ 栗木环保筷

　　　柏木圭 ｜ 香料捣钵、榨柠檬器、精制麻扫帚、马铃薯捣泥棒、门档

072　SATOSEN ｜ 5S 白瓷杯

　　　guillemets layout studio ｜ 灯罩

074　iwaki ｜ 壶嘴碗

075　iwaki ｜ 水壶

077　H.P.E. ｜ 蓝靛族手缝包巾

078　Ruise B ｜ 草编篮

082　CHEMEX ｜ 手冲咖啡壶

　　　一柳京子 ｜ 马克杯

　　　土屋织物所 ｜ 桌垫

083　柳宗理 ｜ 咖啡杯盘组

　　　A di ALESSI ｜ Adagio 双层结构保温壶

　　　A di ALESSI ｜ PlateBowlCup 马克杯

　　　±0 ｜ 马克杯

　　　Tonfisk ｜ Inside 保鲜罐

　　　Hemslojd ｜ 咖啡量匙

　　　捷克制 ｜ 古董磨豆机

084　Peroni ｜ 零钱包

　　　perofil ｜ 手帕

　　　Peerless ｜ 折伞

　　　POSTALCO ｜ 收纳包

086　Shigeki Fujishiro Design ｜ knot 绳结袋

087　i ro se ｜ paper craft 托盘

088　英国军用品 ｜ 折叠椅

089　井藤昌志 ｜ 折叠桌

090　须田二郎 ｜ 栎木碗

091　熊谷幸治 ｜ 花器

092　MAROBAYA ｜ 浴巾

　　　aelier Une place ｜ 沐浴巾

　　　H.P.E. ｜ 克木族手制网袋

　　　Babaghuri ｜ 甘松肥皂

095　富井贵志 ｜ 铜锣钵

　　　fresco ｜ OUTBOUND 订制玻璃杯 No.2

096　Dove&Olive ｜ 侧背包

　　　FERNAND LEATHER ｜ Kelly Pouch 斜背袋

　　　JABEZ CLIF ｜ 皮带

099 Forest shoemaker ┃ forest shoes

TAPIER ┃ 皮革用蜡 & 保养油

Iris Hantverk ┃ 衣服用、鞋用马鬃刷

德国军用品 ┃ 厨房用布巾

捷克军用品 ┃ 纱布罐

100 BOSKEE ┃ Sky Planter 倒吊式花盆

101 Iris Hantverk ┃ 扫帚畚箕组

104 Hippopotamus ┃ ORGANIC BC BLEND 毛巾

raregem ┃ FOB BAG 购物袋

HENRY&HENRY ┃ FLIPPER 海滩夹脚拖鞋

105 marimekko ┃ MATKURI 托特包

野上美喜 ┃ 克什米尔披肩

106 Ecua-Andino ┃ HIPPIE long brim 巴拿马帽

HAWS ┃ 铜制浇水壶

BACSAC ┃ 花盆

HUSS ┃ 蚊香 No.1

Babaghuri ┃ 南部铁蚊香座

109 ILSE JACOBSEN Hornbak ┃ 绑带橡胶靴

Iris Hantverk ┃ 脚踏垫

110 POSTALCO ┃ 斗篷雨衣

ARROW TRADING ┃ 自行车

111 ABLOY ┃ 挂锁

112 Jussila ┃ 滑轮凳

113 Drei Blatter ┃ 积木

114 marimekko ┃ Tasaraita Kids/SIRITTAJA 包屁衣

115 chisaka 制鞋屋 ┃ 幼童学步鞋

117 mother dictionary ┃ 木制餐盘

Kay Bojesen ┃ 儿童餐具组

H.P.E. ┃ 傣族手缝双层编织布巾

iittala ┃ Kartio 无脚酒杯

118 STOCKMAR ┃ 12 色蜡笔砖组

典型 Project/ 伊藤装订 ┃ 素描本

details produkte + ideen ┃ Young Giant 桌上型名片夹

column 01 120 关于Roundabout、OUTBOUND的背景介绍以及商品挑选采购原则

column 02 122 店里不为人知的故事，以及每日不可或缺的必备品

column 03 124 收纳箱有各种尺寸，挖掘彼此的可能性是我最大的乐趣

interior 126 借由搜集与陈列各种物品，就能在生活中营造出属于自己的舒服自在感

001

不锈钢四方盘

=

如果有人要我"仅挑选一件物品作为店的象征"的话,第一个想到的就是这个再简单不过的不锈钢四方盘,而它也是 Roundabout 这间店开设至今的常销商品。店里有五种不同的尺寸,无论作为展示品陈列,抑或自家餐桌上的调度使用,总能在各种场合下看似不起眼,却又非常实用地存在着。恰逢编写这本书之际,除了它之外,也真想不到什么更适合作为开头第一篇介绍的器物了。"没有任何能再削减的余地"般的极简造型,就像电影《二〇〇一:太空漫游》里出现的那块巨大黑石般纯粹。即使某天文明世界毁灭,这个不锈钢四方盘都还有可能继续存在吧。搞不好这么一个方形、充满现代感的人工制品如果搭上时光机回到过去,突然出现在原始社会里,当时身为古代人的我们肯定会把它当成某种神器而忍不住崇敬膜拜吧?

不锈钢四方盘［橱柜尺寸］
210×170×H30mm

不锈钢厨房用具

=

Roundabout 店里除了前述的不锈钢四方盘之外，也有很多像这样不同造型的不锈钢制品。它们就像每日真诚恳切面对工作的专业职人一般，不为人知却在我们的生活里默默占有重要一角；也像是不特别起眼但埋头努力、维持稳定打击率的选手一样，没有华丽的外表或外露的光芒，却值得信赖。也因为它们无意企求人们的目光，更让人觉得有种纯粹高尚的美。这是由领先世界之金属加工产地新潟的燕三条工厂生产的，从头到脚都是日本国内制造、质量十分优异的产品。

虽然原先是作为厨房里使用的器具，但有时拿到书房或更衣间等处作收纳也意外地好用，不仅可以帮忙整理凌乱琐碎的文具用品，也可以收纳小螺丝或铁钉等五金零件，使用者可视不同情况及需求灵活运用，它像张"白纸"般发挥空间极大。

a ‖ 附刻度钼钢锅
Φ100×H100mm

b ‖ 网筛浅型不锈钢盘
［橱柜型尺寸］
208×168×H28mm

c ‖ 附把手不锈钢杯［大］
Φ80×80mm

d ‖ 市场用不锈钢圆盘［大］
Φ203×H17mm

e ‖ 浅型附盖不锈钢盘
210×147×H59mm

f ‖ 深型不锈钢盘［大］
185×123×H66mm

g ‖ 不锈钢粉糖罐
Φ70×H115mm

h ‖ 不锈钢巴西里罐
Φ70×H120mm

i ‖ 不锈钢圆形牛油盒
Φ100×H55mm

j ‖ 不锈钢蛋糕托盘［大］
285×205×H17mm

VITLAB｜计量杯

=

VITLAB 计量杯
500ml Φ93mm×H140mm

开店至今将近十二年，一直畅销的计量杯，与不锈钢四方盘同为 Roundabout 店里宛如招牌一般的存在。简洁的形体、清楚的刻度标示、切割利落的壶嘴，加上 PP［聚丙烯］材质耐撞、耐热范围达 0℃—125℃ 的特性，可说不管什么场合拿出来使用，都不会让人失望或丢脸。

从客人口中学到，杯子上"in 20℃"的标记，正是表示当水温在 20℃时，水的体积会精准符合该刻度上的数字。这是由德国专门生产量杯、量筒等实验器材的公司测试制造出来的商品，精准度毋庸置疑。顺道一提，我女儿就读的幼稚园也常常用它来做果冻，按部就班用它完成的果冻再以目测平均分配给园里的孩子，大家可开心呢。

OXO｜萝卜磨泥器
野田珐琅｜漏斗、奶油加热杯
Arc International｜果酱罐
捷克军用品｜捣钵
STOCKMAR｜颜料罐
ritter｜削皮器
＝

Roundabout 店内其实有各式各样的厨房用具，例如照片前方的萝卜磨泥器是美国品牌 OXO 公司的，其生产的厨房用具有一个共同的特征，就是在把手或底部都有厚实的树脂防滑设计，号称"任何情况下都能稳定止滑"。虽然它的造型有点像美国卡通片里粗壮的超人英雄，隐隐给人笨拙难用的印象，但实际用过这个磨泥器之后，绝对会对此商品彻底改观。磨泥器刀刃的突出高度和角度都先在计算机程序上做过精密模拟，再经过无数次的试做与试用、一次又一次的调整才终至完成。因此使用时只要前后滑动，毫不费力就可以用两倍于一般磨泥器的速度磨好萝卜泥，甚至直径如硬币大小般的细瘦萝卜也能轻松解决。使用时的稳定度、可集水的构造、掀起盖子时底座也能固定在桌面上等贴心设计，经得起挑剔的检验，可以说是充分运用工学原理而研发出来的完美无敌"萝卜磨泥器"。

漏斗独特的形状一直让我觉得有种艺术性，野田珐琅的"白色漏斗"更多了份超越日常生活味、带点神圣高尚的格调。属同一系列产品的奶油加热杯，其实最适合用来加热离乳食。或许使用它的时间远不及孩子成长的速度，但它永远都是橱柜里一个小巧贴心的用具。

另一方面，Arc International 的果酱罐是以浑厚实在的玻璃制作，倒是能用上很长一段时间。

来自捷克军用品的白色捣钵，原先为化学实验器材，但是拿来捣碎少量的香料刚刚好。至于瓶盖一黑一白、有两种尺寸的玻璃罐，原本是用来装调和好的颜料，但是用来保存调味香料、香草等是不是也挺适合的？同样品牌和规格的物品摆放在一起就有种整体美。我想，应该没有其他品牌的设计能够比 ritter 的削皮器更简洁利落了，这也是我喜爱它的原因。ritter 从 1905 年在德国创立以来，便专门致力于研发将食材削成薄片的工具，价格平易近人又十分好用，刀头旁甚至还有挖除马铃薯芽眼的贴心附加设计。

a‖OXO 萝卜磨泥器
200×130×H50mm

b‖野田珐琅 漏斗
Φ95×H130mm
—
c‖野田珐琅 奶油加热杯
180×71×H72mm

d‖Arc International 果酱罐
Φ97×H96mm

e‖捷克军用品 捣钵
Φ88×H54mm
—
STOCKMAR 颜料罐
f‖［白］50ml Φ45×H59mm
g‖［黑］100ml Φ45×H87mm
—
h‖ritter 削皮器
65×110×H12mm

005

柳宗理｜不锈钢碗盆、网篮

二

如果我是一名工业设计师的话，我想我应该独独会婉拒设计厨房料理用碗盆这项委托工作，因为早在距今五十多年前，也就是 1960 年左右，便已出现无人能出其右的设计了。

柳宗理设计的这个不锈钢料理碗盆共有五种不同尺寸，但却不只是一模一样的形体单纯放大或缩小，而是经过缜密的计算，因应不同使用需求的各个尺寸，都有其应有的比例和略略细微不同的弧度，是这系列作品很大的特征。而这是回应以江上登美为首的料理研究专家以及许多家庭主妇料理时的心声，经过使用者长时间的检验所得出的设计。

柳宗理曾在一篇名为"设计考"的文章当中这么说道："只以笔和纸是无法发想设计雏形的，也无法创造出美丽的形体，唯有在工作室里实际制作，在制作的过程中不断尝试与反复思量，才是做设计最基本也最有效率的态度。"［收录自《设计》，柳宗理 著，用美社出版］而这便是经由设计师如此这般亲手制作、试用、思索、改进之后，所成就出来经得起细细鉴赏的完美作品。

柳宗理
不锈钢碗盆
13cm Φ132×H50mm 0.4L
16cm Φ158×H65mm 0.7L
19cm Φ185×H77mm 1.2L
23cm Φ231×H119mm 3.4L
27cm Φ272×H117mm 4.2L
—
不锈钢网篮
16cm Φ164×H63mm
19cm Φ193×H69mm
23cm Φ238×H86mm
27cm Φ276×H103mm

柳宗理 ｜ 不锈钢水壶

=

柳宗理 不锈钢水壶 雾面
2.5L 244×190×H205mm ［含把手］

1953 年，东京瓦斯公司推出中空构造、以"能快速煮沸"为诉求的铝制水壶。四十年之后的 1994 年，终于又出现了崭新造型的不锈钢水壶。为了加速热水沸腾，底部刻意加宽以增加与炉火的接触面，壶口的设计则以容易控制出水量为考虑。除了极力追求功能性，柳宗理的设计有其一贯的共通点，那就是都经过亲身试用而推敲出最适切的造型，而且宛如雕塑作品般能随着不同的放置场合而产生不同的趣味。据说

出自他手的每一个制品在完成之前，从成型到镕铁焊接等步骤都经过大大小小数个加工厂，在熟练工匠们的严格把关及巧手之下确保质量。

运用不锈钢这种带着现代感的素材，却意外地展现出一种低调朴实的质地，这种独特而平衡的美感相信正是这个水壶与众不同的特点。

宛如乡土玩偶一般柔和质朴的造型，也许不知不觉中体现了一种所谓"日常的价值"吧。

Turk | 经典平底锅

008 | › p.028

野田珐琅 | white series 长方形附盖珐琅保鲜盒 等

永恒如新的日常设计
timeless, self-evident

009 | ▸p.029

一柳京子 | 水壺

010 | , p.029

井藤昌志 | 椭圆形木盒

永恒如新的日常设计
timeless, self-evident

Turk｜经典平底锅

=

自 1980 年代开始，工业产品设计很明显地转而追求"轻薄短小"。到了 1990 年代更以互联网的发展为中心，通讯科技日趋发达，似乎所有事物都在不知不觉中变得虚浮、失去真实感。姑且不论这样的变化让我们这些有点年纪的人如何抱怨感慨，我想在这里介绍出自一位德国铁匠之手、承袭 1857 年创业至今未曾变更的制法所铸造出来的，宛如"侏罗纪"时代风格的平底锅。

此锅沉甸厚实、表面纹理粗糙，初次使用之前得先以炉子"暖锅"，如果不常使用的话可能还会生锈，有诸多难照料之处，是个完全与现代轻巧、特弗龙涂层的平底锅彻底相反的物品。但是别忘了它拥有许多的优点：如果正确地使用，其耐用性、热传导性及蓄热性可以维持数十年不变，而且会随着油脂的渗透慢慢产生一种润泽感。有什么锅子比它更真实、更适合用来煎烤食物呢？它绝对是未经修饰养护、野性原始的用具啊！

Turk 经典平底锅
#1 Φ180×345×H25mm
#2 Φ200×370×H30mm
#3 Φ220×420×H30mm
#4 Φ240×460×H35mm

野田珐琅｜white series 长方形附盖珐琅保鲜盒
柳宗理｜黑柄奶油抹刀
kanal snickeriet AB｜砧板
L'ALBERO DI OLIVO｜捣钵
Kracht｜厨房用布巾

=

通常我们买了 200g 的奶油，会直接以原始包装放进冰箱冷藏，但对于一直寻寻觅觅一个奶油存放容器的我而言，这个物品的出现简直可说是一大福音。不同于一般塑料保鲜盒的密封盖，珐琅盖的好处是一手便可轻松打开。野田珐琅的制品当中，有不少像这样站在生活中使用者的角度而发想出的体贴设计。

柳宗理设计的"黑柄餐具"系列，运用不锈钢结合强化的桦木材制造，无论是持握时的手感以及异材质结合处的平顺度都十分卓越。据说同系列的汤匙，是经过多达二十个职人之手才好不容易完成的。

以白桦木制成、天然边角未经修饰的砧板，是位于瑞典斯德哥尔摩近郊森林里的家具工坊制作的。精巧的制作让木纹呈现灵活生动的表情，即使直接当容器盛放食材端上桌也不会觉得奇怪。至于照片后方木制的捣钵，则是用重量与硬度评价皆很高、托斯卡纳产的橄榄木制作而成，近似大理石纹路的独特木纹尤其漂亮。店里还有更大一点的尺寸。1810 年于德国创立的 Kracht，生产的厨房用布巾是在俄罗斯的工厂以坯布制成宽 500mm 的素面布巾。如此简朴制作方式生产出来最简单耐看的物品，总是特别吸引我。

a‖野田珐琅 white series 长方形附盖珐琅保鲜盒
160×105×H57mm
─
b‖柳宗理 黑柄奶油抹刀
168mm
─
c‖kanal snickeriet AB 砧板
380×220×H30mm
─
d‖L'ALBERO DI OLIVO 捣钵
Φ60×H60mm ［杵］110mm
─
e‖Kracht 厨房用布巾
700×500mm

009 | › p.026

一柳京子 ｜ 水壶

=

一柳京子 水壶
Φ75×W135×H155mm
Φ90×W180×H205mm

夜幕、沙滩、月色、卡布奇诺……各色釉彩富含无限想象，映照出水壶充满诗意的微妙色调；它们端正的造型，散发一股高贵庄严的气息，仿佛伫立在湖畔神态优美的水鸟。一柳京子制作器具的魅力全都浓缩于这个水壶之中。初见她的作品，是在某本设计杂志所刊载的一张照片上。照片里好几位创作家的器皿像静物画般四散排列着，我的目光不自觉停留在其中一个土黄色的壶嘴碗上，它的美无国界般引人共鸣。

通常，我一看到心仪的作品，会立刻确认创作者的身份或店址随即接洽引进商品，但那时听说一柳大师远在圣地亚哥生活遂只好作罢。直到半年后，碰巧有机会见到刚回国的大师本人，事情才得以顺利进行。先前从没想过自己的店竟然有引进其作品的机会，现在回想起来真是不可思议的缘分，刚好那时自己对手作器皿抱持着很浓厚的兴趣，或许也是促成这桩美事的契机。至今，无论是店里或是家里每日的餐桌上，它都成了我不可或缺的日常用品。

010 | › p.027

井藤昌志 ｜ 椭圆形木盒

=

井藤昌志 椭圆形木盒
#1 121×76×H46mm
#2 152×98×H57mm
#3 181×120×H73mm
#4 219×155×H89mm
#5 251×181×H102mm
#6 289×207×H118mm
#7 317×222×H137mm
#8 362×250×H154mm

早期在美国各地皆设有分会组织的震教徒［Shakers］，以严格的戒律以及从生活与劳动中寻求信仰为教义，他们深深信奉"美感必须存在于实用价值中"，而井藤昌志的设计仿佛就在实践这样的信仰。他制作生活日用品和家具的最大特色，便是毫无多余虚饰的简洁，完全屏除创作者的艺术性，一心只追求功能性。原属欧洲贵格会分支，长时间演进与改革的震教徒，早在古欧洲时期便制作出类似弧形的木箱，不仅细节精致洗练，且完成度相当高。木工家井藤昌志忠实地承袭古代震

教徒的做法，制作出这样一系列大小不一的椭圆形木盒。运用美国产的黑樱桃木以及北海道产的朱樱特选木材，组装过程中完全不使用接着剂，最后只在外层刷覆上一层以亚麻仁油为基底的天然涂料和蜜蜡。且为了善用木头天然的湿度调节性，盒子内部并未上漆。

这个木盒完全由井藤昌志一手制成，但却不强调个人风格，属于匿名般的低调创作。木纹呈现出的迷人光泽，还有打开盒盖时那一瞬间散发出的木头香气，真是种令人说不出话的美妙感受。

011

一柳京子｜钵　∥　须田二郎｜木碗　∥　芦田贞晴｜八角形漆筷
真木织品工作室｜品茶餐垫
井山三希子｜圆碗　∥　木下宝｜壶嘴碗

＝

一柳的器皿皆有种共通魅力，即立放时的姿态都很优美，从这个钵便能直接感受到。另一特色是用途广泛，可随用者的需求运用在各处。

至于须田二郎的木碗，只简单利用转盘加工涂上一层色拉油作处理，是能展现十足品味的收藏品。我个人天天使用它已将近三年之久。

芦田真晴以枫木上漆制成的八角形漆筷，前端纤细轻巧，持拿时毫不费力，即使使用一段时日，只要重新上漆，便又宛如再生般焕然一新。

出自真木织品工作室的品茶餐垫以棉和丝为素材，于印度手工织缝，粗犷与典雅并存的风格独具魅力。

井山三希子的器皿，总是无意识地散发着一种"动感"，虽然我知道她本人创作时并非刻意造成这效果，但这却是我喜爱这个圆碗的原因。

最初接触的木下宝作品，是镶嵌旧钉子的玻璃纸镇，之后惊艳于她匿名创作的充满吸引力且实用度极高的作品，特别是这个壶嘴碗更令我再次佩服其优秀的创造力。

由左至右

木下宝 壶嘴碗
100×80×H90mm
—
一柳京子
Φ150×H75mm
—
井山三希子 圆碗［小］
Φ100×H65mm
—
须田二郎 木碗
Φ115×H77mm·参考商品
—
芦田贞晴 八角形漆筷
230×7.5×H7.5mm
—
真木织品工作室 品茶餐垫
460×300mm

012

小高千绘 | 浅盘、圆碗、深型盘
=

位于长野县诹访市的工作室里，小高千绘正努力与拉坯机搏斗。看到她的白瓷器皿，仿佛可以感受到她绷紧的背部肌肉。以坯土加上混合了天草陶石的釉药，呈现一种薄透暧昧的淡蓝色，加上它端正的造型，有如夕日里唤醒人的冷空气一般，凛冽得让人印象深刻。但实际使用它时却没有那样强烈的个性，反而透出淡雅悠然的气息，相信不论谁都不会排斥如此富有深度的日用品。

颇令人玩味的是，随着创作者的每日精进，器皿也有所进化和拓展。好比筒罐的开口设计有了不同的样式、水壶的把手形状也有改变、浅盘发展出 3 寸到 7 寸不等的尺寸，甚至某厨师曾委托订制了大至 9 寸的规格。前阵子听说她新发现一种质量优异的陶土，据说是比以往黏性略高一点的素材。未来她创作的器皿又会因为新材质而有什么样的变化，令人十分期待。

小高千绘
浅盘
3 寸 Φ95×H17mm
4 寸 Φ120×H23mm
5 寸 Φ150×H25mm
6 寸 Φ180×H30mm
7 寸 Φ215×H35mm

圆碗 Φ250×H65mm
-
深型盘 6 寸 Φ185×H50mm

013

DESIGN HOUSE Stockholm｜冰块灯
guillemets layout studio｜自在钩、香炉
=

让人同时联想到"创新"与"固守不变"两个字的设计师哈利·寇斯金纳［Harri Koskinen］，因受到工业用玻璃的启发而构思出的冰块灯，仿佛是他的正字标记。使用厚实的玻璃做出像放了电灯泡在其中的冰砖，虽然只是两块厚玻璃相对而组合成的简单装置，但点亮时所呈现出光与影、阴与阳、冰与火的强烈对比，让人过目难忘。

自在钩，是现今生活中鲜少用到的东西，原本在古代日本是吊挂在炉火的上方，用来让钩挂其上的锅子或铁瓶等容器能借此改变与火源的距离，进而达到调整加热温度的功效。将它放到现代的生活空间里，发挥点创意拿来吊挂熏香炉或花器似乎挺适合。调整悬臂位置得以改变摩擦阻力的构造，实际体验过后忍不住对背后隐藏的先人智慧感到佩服与感动。改造这个旧时代日用品使其合乎时宜的人是猿山修，他在麻布十番开设了一间取其名"猿山"的古董店，店里除了收购来的古董商品外，也展示贩卖原创设计品，制作主要则是交由关系友好的工作室负责，他自己有时也会拿铁锤敲敲打打做些作品。白瓷香炉则是出自陶艺家滨中史朗之手，未上釉的瓷器其雾面触感与铁的坚硬质地之间，似乎形成一种十分协调的对比。

DESIGN HOUSE Stockholm
冰块灯
159×102×H89mm
–
guillemets layout studio
自在钩 1,270–770mm
悬挂环座 Φ110×H100mm
香炉 Φ115×H50mm

永恒如新的日常设计
timeless, self-evident

OUTBOUND

辻和美 ｜ 施与受之器
=

辻和美 施与受之器
Φ230×H350mm

这个用品有个颇富意涵的名称："施与受之器"，实则为大型的壶嘴容器。宛如一名包容力强的母亲，孕育着大量透明的空气，虽然材质用的是坚硬的玻璃，却给人一种水润清新的感觉。

早期辻和美创作许多格纹与圆点图案的玻璃作品，所以我对她作品的印象是偏可爱的风格。但几年前市内某间艺廊举行她的作品集 Daily Life 出版纪念特展，我再次欣赏到她的作品，触摸她浑厚透明的玻璃创作时，那种冰冷中却又让人感受到一丝丝温度的微妙平衡，深深吸引了我，从此对她的作品改观。她

在作品集的后记中写下了这样一句话："我永远在苦思着突破这世界上各式各样的'境界'"，从她的作品中也确实看见她的尝试与演变。

这个壶嘴容器高 35cm，算是相当大型的体量，超过这规格便可能引人质疑其实用性，或许该说是"介于用品与收藏品"之间的一个作品。它的大体积伴随着极简造型似乎产生一种特殊的"非日常性"，而这样一个看似非日常的用品却自然地融入日常生活里，这或许某种程度便是呼应辻和美所说的，试着在生活中去体会，会发现"不平凡的事物往往就存在于你我身边"。

015

Babaghuri｜胶带台
guillemets layout studio｜名片盒
DANESE｜AMELAND 拆信刀
=

以贩卖天然材质服饰、手工家具与
生活用品闻名的品牌 Babaghuri，竟
也有卖胶带台这样的文具。这原是
设计师尤根·列鲁［Jurgen Lehl］为公
司内部使用的物品四处访察后，委
托岩手县盛冈专门生产南部铁的老
工坊"釜定"制作的，而现在于店里
也是包装商品时的重要帮手。

在铁里灌入锡以增加分量感的桌上
名片盒，是由猿山修设计、爱知县
创作家金森正起制作的。仔细看侧
面，会发现上开口处剖面并不是平

的，而是略向内的斜面，这是为了
让盖子比较不易滑落的设计巧思。

不锈钢材质上做些微扭转、造型再
简单不过的拆信刀，则由著名意大
利设计师恩佐·玛利［Enzo Mari］于
1962 年设计。设立于意大利米兰的
设计公司 DANESE，初期产品约有
七成以上的设计都是由玛利操刀。
最近才发现，即使是左撇子的我，
使用起来仍十分顺手；它那像是雕
塑般的流线造型也相当优美。

Babaghuri 胶带台
130×48×H113mm
–
guillemets layout studio 名片盒
70×105×H25mm
–
DANESE AMELAND 拆信刀
215×2mm

016

Zwillinge | 明信片收纳盒 Koba
藤川孝之 | 版画明信片
J. Herbin | 玻璃蘸水笔、律师墨水

=

Zwillinge 明信片收纳盒 Koba
110×163×H40mm
–
藤川孝之 版画明信片
100×150mm
–
J. Herbin 玻璃沾水笔
155mm
–
J. Herbin 律师墨水
30ml

照片中这个精致的明信片收纳盒，用的是"Kleisterpapier"，它是中世纪欧洲发展出来的兼具固定与装饰效果的装帧材料，一种被广泛使用的染色纸。以德国传统制书技术为基础打造出来的纸收纳盒与彩纸，全都出自 Zwillinge 的寺园直子与森住香姊妹俩之手。

很欣赏画家藤川孝之将自己的素描作品以版画做成的明信片。他位于国立市以老木头打造、格外有味道的艺廊中，不定时兼设"藤川明信片"店铺，陈列其中的明信片似乎又有种特别不一样的感觉呢。

J. Herbin 的墨水从广为人知、时常被提炼为植物染原料的洋苏木萃取而来，据说其特性是写下的字不会随着岁月褪色，反而颜色更浓更鲜明。同品牌的玻璃蘸水笔造型简单且书写顺手。在这愈来愈难触到手写字的时代，反而令人想重新追求书写的感觉；能够从文字上看到手舞动的痕迹，是无法取代的乐趣。

017

Arne Jacobsen | Bankers壁钟

=

这个壁钟是我即将迈入三十岁，刚结婚正展开两人生活时购入的。最初的住处是屋龄四十年以上的旧公寓，或许因为想在那样的空间装点一些现代元素而买下它吧！纯白钟面只有黑白的时间刻度，于是红色的轴心零件点缀其上愈发鲜明有趣。在那之后经过两次搬迁，但它一直是个规律、严谨却让人安心的存在，只是理所当然应该在墙壁上的挂钟，在我偶然突发的灵感之下，被放在柜子里作为摆设品来使用。

最早这个被称为"Bankers"的壁钟，是丹麦著名建筑与设计大师阿诺·雅克布森生前遗作，是帮"丹麦国家银行"做空间及家具等整体设计时的作品。照片中的钟是我自家实际使用的旧款，现在丹麦 Rosendahl 公司生产的复刻版，似乎以精致的制程更忠实再现原作。顺道一提，这个时钟的机芯是采用日本公司生产的零件，这点令我暗自骄傲。话说回来，这个时钟是在 1971 年设计生产的，其实也就与我最初居住的旧公寓兴建年份差不多，原来是同时期的产物还真是颇有趣的巧合呢。

Arne Jacobsen Bankers 壁钟
Φ290mm
照片中的旧款为作者私人收藏物品
现在的复刻新品则由
Rosendahl 公司生产贩卖

018

辻野刚｜olive stained 圆拱形玻璃罩
SKRUF｜Bellman 水壶、酒杯

辻野刚 olive stained 圆拱形玻璃罩
Φ140×H175mm
Φ160×H250mm
−
SKRUF Bellman
水壶
500ml Φ80×152×H170mm
1000ml Φ97×175×H200mm
烈酒杯
30ml Φ50×120mm
雪莉酒酒杯
100ml Φ65×145mm
红白酒杯
150ml Φ80×160mm

＝

玻璃工艺家辻野刚十几岁时，因为去了场展览会而大受震撼，从此进入玻璃的世界。他先在国内打好扎实基础后赴美深造，在培育众多玻璃工艺家的工坊里见习，于工作中获得许多启发。回国之后，他意识到作品实用性的重要，带着这个创作概念成立了 fresco 这个个人品牌，开始制作能以手工重复生产的产品。这里介绍的圆拱形玻璃罩正是出自辻野个人之作，整体染了一层淡雅高尚的浅橄榄绿，其精致度与仿佛

一碰就破的纤细脆弱之间形成的对比，在日常氛围里更显突出。

曾于 1981 至 1998 年间在 SKRUF 公司担任设计师的英杰格德·拉曼［Ingegerd Raman］曾说："所谓今天的流行，明天即会被淘汰，因此我永远致力于追求可以不证自明的设计，纵使这真的是十分困难之事。"

在这个作品里，她意图将"古代传统陶制的水壶造型以透明玻璃材质呈现"，少了色彩和粗糙的质地，似乎更凸显了造型本身的纯粹。

Robert Herder
面包刀［樱桃木柄］
［刃］200mm ［柄］120mm
—
A di ALESSI Glass Family
红酒杯 230ml Φ78×63mm
—
ScanWood 面包用砧板
390×260×H25mm·参考商品

019

Robert Herder｜面包刀
A di ALESSI｜Glass Family 红酒杯
ScanWood｜面包用砧板
=

这把 Robert Herder 的面包刀，产地是以生产刀具闻名的德国西部城市索林根，是自 1872 年开始便持续生产至今的商品。使用的材质是比不锈钢更耐用且更锐利的铬钼钢，非常好切。这家公司一直将"一把好刀永远出自双手"这句话奉为圭臬，无论是资深职人还是年轻工匠，都努力将传统技术于现代发扬光大。刀柄部分使用樱桃木，并在完成时涂上一层夏威夷果仁油防护，特点是拿起来很稳且色泽相当漂亮。

照片后方的酒杯几乎可说是 ALESSI 产品里，最平易近人也最普遍被收藏的商品，也就是由英国设计师贾斯伯·莫里森［Jasper Morrison］所设计的"透明玻璃杯"系列商品其中一款。圆柱状的造型，与法西边界巴斯克地区普遍用来装盛气泡酒的"Bodega"酒杯非常相似，感觉也很适合用来装盛甜点。

ScanWood 用山毛榉木做的面包用砧板可双面使用，照片所示的一道道沟槽，可以收集切面包时产生的碎屑，反面则是平滑面，可当成一般砧板使用。这也是我家里每天早餐时爱用的物品之一。十分可惜最近在日本国内已成为绝版商品不再流通于市面，希望有朝一日能看到它重新上市。

020

A di ALESSI｜A tempo杯盘沥水架
iittala｜Teema马克杯、餐盘
fog linen work｜厨房用布巾
真木织品工作室｜白麻抹布
龟之子束子西尾商店｜马鬃魔术洗瓶刷

＝

a‖A di ALESSI
A tempo 杯盘沥水架
Φ365×190mm
—
b‖iittala Teema 马克杯 300ml
Φ83×110×H80mm
—
c‖iittala Teema 餐盘［大］Φ26cm
Φ260×H34mm
—
d‖fog linen work 厨房用布巾
650×450mm
—
e‖真木织品工作室
白麻抹布
360×360mm
—
f‖猪鬃洗瓶刷
Φ80×160×H500mm
—
g‖龟之子束子西尾商店
马鬃魔术洗瓶刷
Φ90×150×H520mm
—
h‖龟之子束子西尾商店
马鬃洗瓶刷
Φ75×150×H555mm

服务的客户包括无印良品等公司、于1980年代出生的法国年轻女设计师宝琳·戴托［Pauline Deltour］，设计了这样一个杯盘沥水架。以不锈钢丝塑造出像是音波图一样高低起伏、带有韵律感的造型，可说同时集结了构造上的美感与机能性于一身。

iittala公司生产的"Teema"系列杯盘，对现代的我们来说，可能因已看过许多类似设计而觉得很普通。但在1953年，发表这一系列当时名为"Kilta"的前身之作时，应该为工业设计界带来莫大的冲击吧！创造这系列的是芬兰设计师凯·弗兰克［Kaj Franck］，他曾经以"粉碎整套餐具吧！"这样一句广告标语为人所知，也从此改变了人类的生活文化。有趣的是，以这样激烈的方式传达主张，似乎与现代音乐巨匠约翰·凯奇早他一年发表的争议性演奏作品《4:33》，在概念上有异曲同工之妙呢。

采用立陶宛的麻布制成的fog linen work厨房用布巾，吸水性优异，对折后可作为喝茶时的餐垫；再对折后还可当做隔热垫，大小刚刚好。

至于真木织品工作室生产的抹布，则是采用欧洲的亚麻线纱、在印度手工纺织生产出的白麻坯布制作而成。下水洗时线纱会膨胀，布料的触感会更明显。

相信在日本土生土长的人没有人不知道"龟之子束子"这间百年老店吧！这个品牌的鬃刷几乎可说是家家户户厨房的景色之一了，但或许很多人不知道它其实也有出这样的商品。50cm以上的超长洗瓶刷，再刁钻的死角都能刷洗得到。还有，因为7月2日是龟之子束子西尾商店取得产品专利之日，公司还特此将这天定为"猪鬃刷之日"呢。

Zwlling J.A. Henkels │ TWIN Classic 料理剪刀

=

Zwlling J.A. Henkels
TWIN Classic 料理剪刀
205×68×H5mm

这把剪刀自从 1938 年上市至今，一直都是常销商品。不仅锋利，持握起来也很轻松省力，而且为了要能用来打开罐头瓶盖，把手中间还特别设计了圆弧形的凹槽。

用最简单的材质与构造制成的物品，往往可以给人一种"单纯"的感觉。当然，用品都应该具备多功能性。然而正因为能运用的素材很多、能达到目的的方式很多，所以说得夸张一点，我认为好的设计应该要能传达文化层面的深度。但话说回来，我认为每一样物品无论是用途或设计，都应该尽量维持简单。

像这把剪刀中央，锁住两片刀刃的螺丝，是可以针对使用时希望的开合顺滑度作些微调整，而且整把剪刀可以放入水里煮沸消毒。我觉得这就是个设计简单、使用寿命却很长的绝佳例子。刀刃的部分为了怕处理某些食材时会滑动，更作了锯齿状加工，即使不起眼的地方也下足功夫悉心制作。不管是在店内还是我家的厨房里，都是相当灵活便利的一件物品。

Terraillon │ BA22 机械式磅秤

=

Terraillon BA22 机械式磅秤
170×110×H130mm

二次大战后以意大利为中心，从建筑到工业设计乃至都市设计等，几乎到处都可见到马可·桑奴索［Marco Zanuso］留下的丰功伟业，而他在 1970 年代设计的这个机械式磅秤，直至今日看来都充满新意。

磅秤上端是可拆卸的活动两用式秤盘，如果要称面粉等散装物品时，可以像照片里一样将其向上翻转变成一个 0.7L 的容器；如果要称比较重或体积比较大的物品时，则可往下覆盖作为平面秤台用。另 ·个绝妙的设计是，显示重量时转动的并不是指针而是数字盘呢。

如同大家所见，磅秤的内部构造是被隐藏在一个方形盒子里。而基本上大多会被"充满素材特性、不多加装饰、保持构造原貌的物品"吸引的我，这样一个穿着塑料壳外衣的盒子，又是以哪一点让我产生兴趣的呢？我试着想象放一堆小石子在磅秤秤盘上。也许是因为设计师对于产品的每一个小细节都绝不含糊的不苟态度，将这样一个看似毫无情感的人工制品牵引出一种魅惑力吧！

023

野田珐琅 │ 圆形洗涤桶
Spuma di Sciampagna │ 洗衣皂

=

这个正圆形结构、线条十分简洁的洗涤桶，在我家里是放在浴室，用来洗袜子或内衣的。桶从头到脚连边缘都是纯白色，光是视觉上就传达了它本身的用途及目的性。野田珐琅自2003年开始生产这个全白系列，而系列商品品项一直慢慢扩展中。照片中洗涤桶里的是以普罗旺斯传统配方制造的洗衣皂，其特色是产生的泡泡细密、高生物分解性，并且散发一股清爽的香茅气味。一般来说，洗衣皂这种物品放在浴室或洗脸台，一不注意很容易会呈现过度的生活感而失去品味。或许也有人会觉得介意这种事似乎太过做作了，但对于深觉自己业障深重的我，其实只是本着买一块"赎罪券"般的动机，为地球尽一份心力。

野田珐琅 圆形洗涤桶
Φ305×H155mm
—
Spuma di Sciampagna
洗衣皂 300g
70×60×H75mm

次页 │ 前起依顺时针方向
—
铝制晒衣夹［一组 8 个］
54×23×H17mm
—
捷克军用品之晒衣夹［一组 24 个］
76×16×H10mm‧参考商品
—
木制晒衣夹［一组 20 个］
72×15×H10mm
—
STRICH PUNKT 衣架挂钩型晒衣夹
135×50×H10mm
—
不锈钢晒衣夹［一组 5 个］
55×26×H17mm

024

各式晒衣夹

=

生活里一些毫不起眼的小用具，无论你我都很少会与家人朋友分享或聊起吧。晒衣夹就是这样非常贴近生活近乎无形、理所当然存在的日用品之一。店里搜罗了许多种类的晒衣夹，包括户外使用、可防水的铝制晒衣夹；不锈钢制的适合夹针织类衣物而不会留下痕迹；还有适合室内用的木制晒衣夹等。视不同情况选择，也可以当做燕尾夹来整理文件、纸片或线材等。现在我们使用的几乎都是 1853 年时，美国人戴维·史密斯研发出来的晒衣夹。从那之后，三角形的晒衣夹便开始有了各种不同的造型，不断推陈出新。但大家别忘了，这一切都还是应用"杠杆原理"作为设计的依据。

a ‖ Kay Bojesen
宴会用餐刀［雾面］200mm
宴会用汤匙［雾面］197mm
宴会用叉子［雾面］192mm
−
b ‖ WMF
Boston 餐具组
餐刀 225mm
汤匙 200mm
叉子 197mm
−
c ‖ GENSE
FOLKE STEEL 系列餐具
餐刀 200mm
汤匙 200mm
叉子 200mm
−
d ‖ A di ALESSI
KnifeForkSpoon 系列餐具
餐刀［亮面］210mm
汤匙［亮面］195mm
叉子［亮面］195mm
−
e ‖ 法国军用品
汤匙 162mm
叉子 160mm
−
f ‖ 瑞士军用品
汤匙 210mm
叉子 210mm

025

Kay Bojesen｜不锈钢餐具‖WMF｜Boston餐具组
GENSE｜FOLKE STEEL系列餐具
A di ALESSI｜KnifeForkSpoon系列餐具
法国军用品｜餐具‖瑞士军用品｜餐具
=

我没有意识到自己很喜欢搜集餐具组这件事。想想原因，当然除了结构和线条本身充满美感外，对我而言最有趣的可能只是"切"、"刺"、"舀"这些单纯的用途，那是历经许多设计师耗费精力、苦心追求解答，才呈现的这么多样化的商品选择。

丹麦设计师凯·博依森在1938年设计了一组餐具组，这组作品之后在米兰设计展荣获大奖，自此便顶着金奖之名受人青睐。比起分量感，设计师更在乎的是整体衡量后所得出的历久弥新的外形，这与我心目中"汤匙就该有汤匙的样子"的理想设计概念不谋而合。很多人也许不知道，这套餐具从1991年起，是在日本新潟县燕市的工厂生产的喔。

德国的知名餐具WMF，1853年于金属加工重镇盖斯林根成立公司以来，专门生产从家庭到专业的厨房用具。"Boston"系列的特色是造型精简到无任何多余部分，仅剩优美的形体线条。使用的是独家研发的铬镍钢材质，比起普通不锈钢更坚固耐用、易于清洗且不易残留味道。

GENSE创立于1856年，是瑞典专门制造餐具的经典品牌。"FOLKE STEEL"餐具组，其实是从1955年发表的树脂把柄系列延伸出来的全钢材版本。比起树脂，我个人偏爱钢制恰恰好的重量感和冰冷触感。

"KnifeForkSpoon"系列餐具出自莫里森之手，由ALESSI于2004年发布。此系列名称毫无创意可言，造型也极尽简单普通，但却能让人感到设计师留在作品上的余韵，是体现ALESSI企业精神"优异且通俗"［Super & Popular］的一项商品。

从法国军用品流传下来的餐具组，原是为了支持后备军队，以真空包装的军备用品之一。为节省制作包装的耗费而尽可能单纯化设计，有时反而从那极纯粹中给人强烈的存在感，颇令人不可思议。另一方面，瑞士军用品就有着截然不同的感觉，和一般我们对于军用品简朴的印象不太一样，特别是与法国军用品相对照，外形上意外地偏大且华丽。餐具的握柄内侧刻了"INOX"，是"inoxidizable"的缩写，指的是不会氧化，也就是不锈钢材质。

Saturnia｜Tivoli营业用餐盘

二

在意大利的餐厅及饭店里，几乎都有这套营业用、被广泛运用的白瓷盘系列。店里除了照片中这款圆盘，也有椭圆形的，不管哪一款都是我自己家里非常活跃的餐具之一。

中性的纯白色食器的确很普遍，但要找到这样有点厚度及分量，带着些许粗糙感的，其实并不容易。曾经读过日本现代艺术家大竹伸朗一篇论文里所谓"杂之地带"［译注：暗指有时创作尽管呈未完成状态，但让人留有评判的空间反而是件好事］的形容词，似乎就不大适用于这样用途

明确的物品。这套餐盘吸引收藏者的除了背后印刻有制造公司Saturnia的名字外，其价格十分平易近人、不需多想便能入手也是很大的优点。好几个一起堆叠摆放在食器架上，似乎有种"重复美感"。

我喜爱它和频繁使用它的程度，几乎像是每天穿的牛仔裤一样，这样比喻的话，这套餐盘还真的很适合单身男性的雅痞独居生活呢。

但若是堆积在洗碗槽里的画面，那可就说不上"重复的美感"咯。

Saturnia Tivoli 营业用餐盘
面包盘 Φ175×25mm
甜点盘 Φ200×30mm
主餐盘 Φ230×35mm

MUCU｜金属钢珠笔
MUCU｜空白笔记本
=

特别着眼于材质的文具品牌 MUCU，我认识此品牌总监榎本一浩其实是因为他正好是开店初期来的客人。宛如 MUCU"门面"的空白笔记本，内页使用的"漫画纸"，也就是特别针对漫画期刊开发、风格鲜明的纸张；笔记本封面则使用常用于精装书封内芯的硬纸板。这款笔记本的特色是采用穿线装订，且为了保护书背避免磨损，每本都以手工将制书用、经特殊加工过的帆布裁剪成一条条胶带状，然后在这帆布条上盖印装帧纸种及商品编号，最后再一一贴到笔记本的书背上。由于生产线的人数并不多，每天生产的本数也有限，而且因为是手工完成最后装订步骤，每本都会有些微妙差异，这是它最吸引人的地方。上图中以直径 8mm 的金属棒打造的钢珠笔，做工精致，盖上笔盖，几乎看不出笔身与笔盖接合处的痕迹，完全展现日本金属工艺职人高超的技术。这项商品一共有铁、黄铜、青铜、铝四种材质，完全无上漆。此外，墨水是可替换的。随着使用还能欣赏其外观变化，与其说是用笔，倒不如说是可以享受"养笔"的乐趣。

MUCU
PB-M 金属钢珠笔
铁制 Φ8×140mm
黄铜制 Φ8×140mm
青铜制 Φ8×140mm
铝制 Φ8×140mm
—
NB-B 空白笔记本
［S］160×125mm
［M］210×160mm
［L］265×210mm

X-ACTO｜Ranger 55削铅笔机
GLENROYAL｜书衣
Rapid｜K2订书机
德国制｜两孔打孔机
fisher SPACE PEN｜CAP ACTION standard钢珠笔

=

创立于 1899 年的 BOSTON 公司，其生产的削铅笔机，几乎全美的学校教室及办公室里都找得到它的踪影，并且持续广泛使用。不过这个品牌在 1925 年改名为 Hunt，随后又在 1987 年并入以生产美工刀著名的品牌 X-ACTO。现在，X-ACTO 则成为知名美术用品公司 ELMER'S 旗下的品牌之一。尽管生产线移往中国，原先刻印在削铅笔机上的 BOSTON 商标已不复见，外观涂装的感觉也有很大的不同，但是有八段式粗细削孔这一点［因此可以削比较粗的蜡笔］以及铸造出来的重量感等，某些基本特点还是保留下来。

苏格兰皮件品牌 GLENROYAL，创立于 1979 年，产品都是使用所谓的植鞣牛皮，亦即将以天然植物染色的牛皮长时间浸泡于蜜蜡和牛脂里，会随着使用逐渐让皮革产生亮泽。原本用于制作马鞍，是耐用性与美感兼备的一种素材。用这种皮革做出两种尺寸的书衣，无论是开本小一点的文库本或是一般开本，都能找到合用的。

而 1936 年在瑞典创立的品牌 Rapid，其生产的"K2"订书机与后面也会介绍到的"K1"，都是这家公司为人熟知的常销商品。底座部分的金属零件是可调整位置的，借此能改变订书针的折向，有朝内的平针式或朝外的别针式两种。它直线条的设计，经典而洗练。

至于铁制的桌上型两孔打孔机，是我在五六年前于柏林的跳蚤市场找到的，我喜欢它金属部分直接裸露于外的构造，有种未加修饰的美感。

fisher 的 SPACE PEN 是应 NASA 的委托，于 1968 年开发出来的商品，是真的在宇宙中为航天员使用、名副其实的"太空笔"。通过在墨盒里真空封入氮气而产生的内压，可以让墨水集中到笔尖，即使无重力状态下姿势倒转时仍旧写得出来。据说从零下 24℃到 200℃这样严酷的环境条件之下，都能够顺畅书写，只可惜我个人并没能遇到这样的环境条件测试其表现啊！

上 ‖ X-ACTO Ranger 55 削铅笔机
76×120×H115mm
—
下左 ‖ GLENROYAL 书衣
120×20×H165mm
—
下中 ‖ Rapid K2 订书机
180×45×H95mm
—
下右 ‖ 德国制 两孔打孔机
112×82×H70mm，参考商品
—
fisher SPACE PEN
CAP ACTION standard 钢珠笔
Φ9×135mm

BALLOGRAF | Epoca P 圆珠笔 等

030 | ‣ p.056

Rhodia ｜便条笔记本

BALLOGRAF｜Epoca P 圆珠笔
MILAN｜No.112 橡皮擦‖ Hoechstmass｜Rollfix 卷尺
Rapid｜K1 钳型订书机‖ ScanWood｜胶带台
=

瑞典的 BALLOGRAF，是 1945 年从在车库般的空间里小规模制造圆珠笔开始的。这里介绍的"Epoca P"笔款，仿佛让人重温品牌创立时那种经典沉稳的印象，有种特别的魅力，书写表现也很好。

知名品牌 MILAN，则是西班牙的橡皮擦制造商于 1918 年创立的，其型号"No.112"的橡皮擦，长得极似打火石的圆扁外形，十分讨喜。

德国 Hoechstmass 卷尺，是店里时常用到的物品，聚酯纤维做的卷尺无伸缩性，总长 150cm。因为体积很小，老是用完后不小心就顺手放入口袋，直到回家脱外套时才发现。Rapid 常销商品之一"K1"钳形订书机，是用镀铬的瑞典钢材制作而成。

十分坚固耐用的机身、未以其他材质包覆的设计，宛如"赤裸的工具"般有种强韧原始的美感。遇到卡纸时自己就可以拆解的构造，在保养过程中可以加深物品与使用者之间的关系，这设计很不错。除此之外，它那有点像狗狗侧脸般的造型，在花店和物流仓库等地方使用时，仿佛是只忠犬般随侍在侧。

如同先前介绍面包用砧板时所描述的，ScanWood 这个品牌向来以生产木制厨房用品闻名，其实它也有一些设计简单的桌上文具。像照片中这个胶带台，本体用山毛榉做成，我擅自粗野地在正中央钻了个洞，将它用螺丝固定在书桌上方便使用。

a‖ BALLOGRAF Epoca P 圆珠笔
Φ10×135mm

b‖ MILAN No.112 橡皮擦
72×28×H9mm

c‖ Hoechstmass Rolltix 卷尺
Φ55×H23mm

d‖ Rapid K1 钳形订书机
170×80×H20mm

e‖ ScanWood 胶带台
90×90×H30mm

Rhodia｜便条笔记本
=

鲜艳的橘色外皮、淡紫色方眼格、穿线装订、上方以粗订书针装饰固定，以及那一见便很有亲切感的粗体字品牌名称，这些构成要素都可说是 Rhodia 笔记本的注册商标，也是永远不败的"基本款"。它就像是大家都知道的法国国民车雷诺 5 号一样，转小弯时特别利落，又有种刚毅剽悍的感觉，令人爱不释手。进货时，有时会发现书背上品牌商标的字级大小有些微不同，这种差不多就好的随性表现，与德国制品

讲求分毫不差的精密严谨有如对比啊。这个在法国里昂发迹，由凡瑞亚克兄弟档［Henri & Robert Verilhac］创立的品牌，两棵树相邻而立的商标便代表着亨利与罗伯特两兄弟的手足之情，是段颇令人感动的佳话。这款笔记本最初主打的是"站着也可以轻松书写"，封面封底是防泼水材质且厚实耐用，能因应各种情况及环境。某些尺寸拿在手上站着书写可能有困难，因为最大到 A3 尺寸的 Rhodia 也是有的喔。

Rhodia 便条笔记本
N° 11 74×105mm
N° 12 85×120mm
N° 13 105×148mm
N° 14 110×170mm
N° 16 148×210mm

H.P.E. 蓝靛族手缝杯垫
80×80mm – 110×110mm

031

H.P.E. | 蓝靛族手缝杯垫

=

H.P.E. [Handicraft Promotion Enterprise] 的创办人谷由起子，1999 年前往老挝北部的琅南塔时，设立了这样一个专门促进传统手工艺发展的组织，借此推广当地少数民族凭借熟练手艺所创作的布制品。

当地的蓝靛族对她公司而言是十分重要的合作伙伴，他们从栽种棉花到纺织，甚至用自己培育的蓝草制作出属于该族特有的蓝色染料，之后从染布到缝制也都以人工进行。为了让他们卓越的手工艺技术展现在贴近你我生活的物品上，谷由起子发想出"杯垫"这项商品。尽管这并不是原本蓝靛族人生活中会使用的东西，但听说如今在耕作期间的空档，无论老少几乎全村都勤奋地做着杯垫呢。当中有一针一线仔细缝制出图案的细腻作品；也有从写意风格中蕴生出带有独特味道的创作，描绘的主题从儿何图腾到人与动物之类的具象图案都有，每一块都充满创作者个人的风格，绝对找不到一模一样的两块杯垫，就像人皆有着独一无二的个性一般。

House.增满兼太郎｜皮革桶
印度制｜水牛皮室内拖鞋

二

House. 增满兼太郎 皮革桶
Φ160×210mm

印度制 水牛皮室内拖鞋
浅棕色［S］95×260×H65mm
深褐色［L］105×295×H70mm

在切割较厚皮革时，会产生称为椰皮的素材，这皮革桶便是使用这种材质制作的。有一说这是从非洲传过来的民艺品，也有说是早期震教徒使用的物品，无论你信哪种说法，它的样貌总是中性、无国籍感的。这件作品的创作者为雕塑工艺家增满兼太郎，他原先在大学里读的是建筑，之后以制作鞋子开始了个人的创作活动。这个看起来似乎与鞋子一点关联都没有的皮革桶，其实运用了制鞋时也会用到的铆钉等材料工具。创作者尽可能不突显个人风格而维持大面积的留白，正是这个用品的最大魅力。我将它摆在我家的玄关当做拖鞋收纳桶使用，但是依据尺寸的分别，也可以作为遥控器或小孩玩具的收纳箱。

如果说到皮制的室内拖鞋，应该很多人会想到摩洛哥的巴布什羊皮拖鞋吧。事实上我自己家里也曾经买来穿过，但不知是它太娇贵脆弱还是我们太糟蹋它，穿几年就坏了，有段时期只好沦于无拖鞋可穿的难民状态。这里介绍的水牛皮拖鞋是使用两张厚皮革［鞋跟的部分甚至用到三张］重叠在一起，再用粗线缜密地手工缝制而成，至今已经穿了将近两年缝线都未磨损。当初稍硬的皮革随着人的使用变得柔软，也没有皮制品用久了时常会产生的独特气味，这些优点都令人惊喜。

比利时制｜二手古董衣架
瑞典军用品｜铁制水桶

二

比利时制 二手古董衣架
单杆 420×8×H140mm
双杆 420×8×H150mm

瑞典军用品 铁制水桶
Φ300×H260mm · 参考商品

这个木制的衣架实际上是比利时一间干洗店所使用的物品，衣架上还刻印着店名、地址和电话号码等，有的还会看到 "Droogkuis" 的字样，应该是荷兰语里 "干洗" 的意思吧。虽然上面写的基本信息大同小异，但是光看它们使用的各种字体就很有趣。如果哪一天可以不是为了特定目的而旅行，希望能循着上头写的地址去寻访看看呢。

几年前忘了什么时候曾经买了这个瑞典军用品的铁制水桶，不过这绝对不是大家记忆中日本的小学里打扫时用的工具。它的长宽比例以及镀锌的质感，似乎让这个与生活再贴近不过的日用品变得很上相，不禁让人想起安德鲁·怀斯［Andrew Wyeth］画作里频繁出现的水桶，似乎让简单的生活光景多了些许况味。

XEROX工厂用品｜铁制收纳箱

这是荷兰 XEROX 公司的工厂里，用来收纳各种琐碎零件的箱子。物品直接放在里头可作为库存品的收纳箱，如果在底部钻几个洞，就会变成很棒的植栽容器。材质是白铁，也就是镀锌的铁。顺道一提，如果是镀锡的铁则俗称为白铁皮或马口铁。白铁即使磨损露出原本的铁，也会从镀锌的部分先腐蚀进而能防止铁生锈，这种替代腐蚀的物理作用称为"牺牲阳极"或"阴极保护"防锈蚀法。这将物理元素拟人化的命名，似乎能感觉到科学家人性的一面。

这些箱子在 Roundabout 店里是当做抽屉一样，收纳一些包装材料。将它摆放在深度够的架上，要用的时候只要拉着上面的把手将箱子拖出来，十分方便。如果我个人有个箱子的排名清单，这在我心目中绝对是第一名。

XEROX 工厂用品 铁制收纳箱
600×300×H155mm

Roundabout

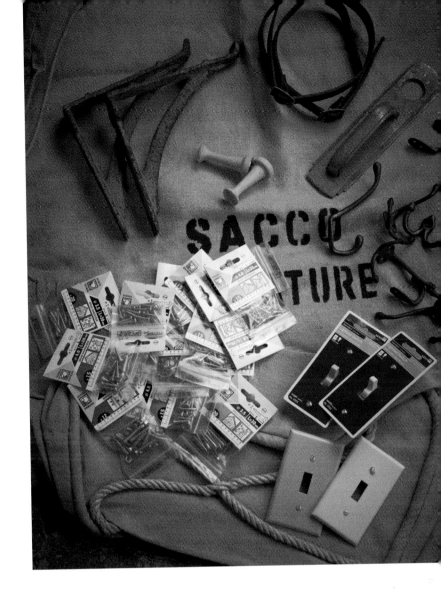

035

"触媒"一般的各种五金零件

=

a ‖ 古董铁支架［左、右］
200×210mm

b ‖ 瑞士军用品 捆包用束带
20×640mm

c ‖ 古董门把
240×60×50mm

d ‖ 古董挂钩

e ‖ raregem 镶嵌磁铁的木桩
φ32×75mm

f ‖ 意大利军用品 麻布靴袋
φ450×700×1100mm

不管是在国外的居家修缮大卖场里寻找着像照片里这样的黄铜螺丝，还是在跳蚤市场一堆新旧物混杂的瓦楞纸箱中，东挑西拣些历经岁月风霜却散发着低调光芒的古董珍品，只要让我逮到这样的机会，我总会忍不住寻觅感觉对味的小零件。有这种癖好的人我想绝对不只我一个，例如专门承接家具制作与空间设计的"raregem"工作室负责人西条贤，更是沉迷此道。制作家具用的把手和螺丝等，他都是自己特别订制，

甚至镶嵌了磁铁的木桩也是他工作室里的商品之一。最近还特地向美国专门制造电线配置器具的公司，定做符合日本规格的电源开关面板呢。照片中看起来有些岁月痕迹的挂钩、门把和铁铸的支架，都是在澳洲淘到的古董。看起来像运送物资用的大麻布袋，其实是意大利军用品，用来装靴子的。皮革制的捆包用束带则是瑞士军用品。我总觉得这些零件，和触媒一般，能激发你我体内那股隐藏的"DIY魂"。

036

klause石原英树 ｜ 麂皮背包
＝

因为现在骑脚踏车上班的关系，后背包突然成了生活必需品，却发现真的要找一个容量大又具备成熟高雅风格的后背包其实不是那么容易，往往功能性很强的款式，却太过运动休闲感；不然就是心仪它的设计，但容量太小装不下东西，总是无法两全其美。

就在这当头，某一天看到运送商品来店里的石原英树，身上背的包包令我一见钟情。柔软的马麂皮与较硬的牛皮拼接形成的对比与它简单利落的设计，完全符合我理想中的包款。一问之下才知道这是他自己做的，惊讶之余马上就为自己订购了个，这才成为照片中这个包包的主人。随着使用当中注意到的小细节，像是正面两条带子上金扣的角度等等，都经过多次的改良，至今它已成为 Roundabout 商品品项里不可或缺的要角。两边皮带可视容量调整扣环的位置，据说这是从邮差背的后背包所得到的灵感，侧边也特别设计一个开口方便取物，随处都隐藏着设计师体贴使用者的巧思。

klause 石原英树 麂皮背包
300×160×H500mm

KANGURO｜橡胶水桶

以回收废轮胎重新熔制而成、在西班牙生产的这个橡胶水桶，外形看似有点粗陋，实在说不上有质感，就像故意与这个时代产品追求精致的导向作对一般。还有它那独特的笨重感和不太讨喜的橡胶气味，以及利用原先素材再制成型时残留的毛边，都充满一股野性叛逆的趣味，无论是触觉、视觉、嗅觉都予人深刻印象，存在感相当强烈。因为材质完全防水，不管是放些园艺工具、洗车时当水桶用、作为洗衣篮或蔬果篮等都很好用，甚至有时顺手丢入孩子的玩具也无妨，用途意外的广泛。许多物品看似拙劣的部分往往便是其魅力之处。如果很介意橡胶的气味，据说以洗米水擦拭可以去除味道。

KANGURO 橡胶水桶
11L Φ480×H190mm
14L 580×580×H140mm
18L Φ460×H290mm
18L Φ440×H340mm
24L Φ470×H300mm

038

儿玉美重｜铁钵篮
PANTALOON｜SEAM! 编织碗
A di ALESSI｜Peneira 不锈钢滤网篮
＝

大分县别府以竹器的细腻与精美名闻全日本，许多外县市的工艺创作家都深受感动而前往拜师学艺，就是想为这项优秀技术的传承尽份心力，其中也包括关东出身的竹艺家儿玉美重。照片中这个钵型竹编篮是以传统手工再加以调整而得出的造型，因为形似僧侣托钵修行时拿的铁钵，而取了这样的品名。儿玉这个作品，底部的编法融入传统竹器的基本要素，且使用的是大分县内和附近地区所出产质量优良的桂竹。光是去除表面多余油脂、漂白并削成竹条或竹片这些步骤，就约莫占了整体完成时间的八成，相当费工。

"SEAM!"这件作品是专门承接空间与平面设计的工作室PANTALOON，和工艺家曾田朋子合作的商品企划。除了这个编织碗之外，还有帽子和提袋等其他系列商品。通过将棉线与尼龙线混纺成更坚固的素材，以独特的编织技术制成。其实曾田之前就一直有将此技法运用于作品之中，PANTALOON 注意到她在创作立体造型时的潜力而邀请她设计帽子，于是这跨界合作的企划商品也才因此契机而诞生。材质柔软、可塑性高便是这系列商品的特色。

照片中另一个结合了藤与不锈钢材质的滤网篮，则是巴西炙手可热的兄弟档设计师翁贝托和费尔南多·坎帕纳［Humberto & Fernando Campana］的作品。天然与工业素材同时并存于这个作品却没有任何突兀感，让人不禁想到意大利设计大师莫纳利所说过的"创造力来自于基本的想象力"。这个商品的名称"Peneira"是葡萄牙语，指的是形体圆而扁平的传统网筛，在巴西的农园里通常会把采收的咖啡豆倒到里面用来过滤其他杂质。此外，也是足球队"入队测试"的意思，有着去芜存菁的含义。

由上至下
—
儿玉美重 铁钵篮
Φ260×93mm
—
PANTALOON｜SEAM! 编织碗
Φ205×55mm
—
A di ALESSI｜Peneira
不锈钢滤网篮
220×90mm

E&Y │ edition HORIZONTAL yours

＝

致力于开发明确功能性的家具及生活用品的品牌 E&Y，2010 年开始尝试新系列 "edition HORIZONTAL"，不再拘泥于功能性，而是制作出让使用者能够自由发挥运用的地方及形式的商品，并将商品名称命名为 "yours"，意即 "随你运用的东西"，就像图中这张大面积留白的纸便是系列商品之一，完全象征着这系列的概念。这是由设计师林洋介发想，与纸专家合作，并和 E&Y 共同从素材开始研发的一款吸收满满安息香成分的纸张。

割开包装，一摊开马上散发一股淡淡的芳香，点燃后待火焰消失便会升起一道含着幽香的烟，像是虫蚁蛀食般缓缓地烧蚀纸面。想象一下早上起床后，撕一小角的海报纸放在器皿上焚香，像这样的仪式或许会让一整天增添些许特别的感觉。除此用途之外，也可以自由地在纸上写字、画画，当做送礼时的包装纸或是包装盒里铺的衬纸，像是隐藏版的双重礼物。

E&Y "edition HORIZONTAL" yours
520×750mm

永恒如新的日常设计
timeless, self-evident

040 | · p.070

柏木圭 | 栗木环保筷

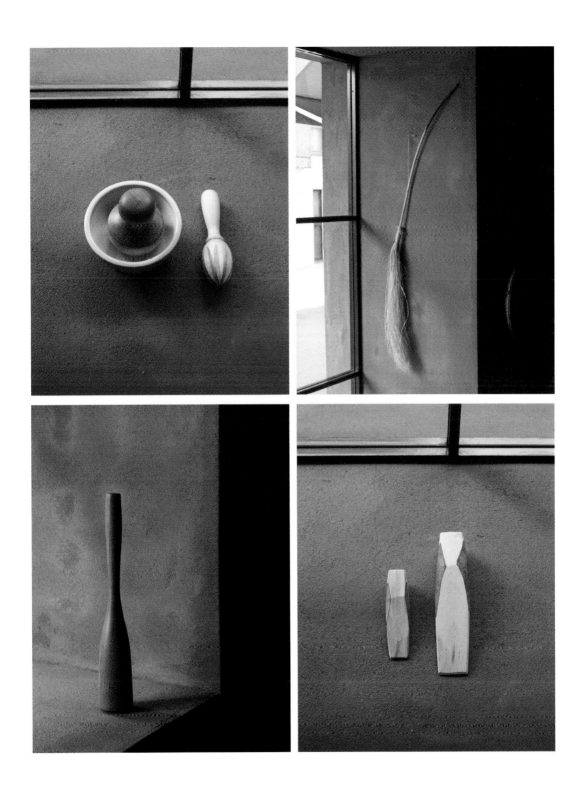

永恒如新的日常设计

timeless, self-evident

柏木圭｜栗木环保筷
柏木圭｜香料捣钵
榨柠檬器
精致麻扫帚
马铃薯捣泥棒
门档

=

第一次听到"削薄木材"这个技法，是在位于长野县美麻的木工艺家柏木圭的工作室里欣赏他制作这副筷子的时候。这个技法是用刀从木头顶端劈下，然后像劈柴一样沿着木纹一点一点地削薄。使用的木材是以自古流传至今的"新月采伐法"砍下来的栗木，用小斧头劈成七种大小的木棒后，再凿出刚刚好摆放木筷的中空空间。完全不使用砂纸，只用南京刨刨磨外侧，以生活日用品来说，它的精美程度真的令人印象深刻。

顺道一提，工作室的书架上和书房里，都可看见柏木过去的拼贴艺术等创作，不经意地装饰着空间，光是欣赏这些物品就让人非常满足。我在架上发现像美国当代艺术家约瑟夫·柯纳尔 [Joseph Cornell] 盒子艺术般的作品，定睛一瞧才发现竟是柏木以前在井之头公园附近住处的门牌呢。

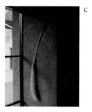

柏木圭
a‖ 栗木环保筷 盒 230mm 筷 213mm
上油润饰　上漆
—
b‖ 香料捣钵［杵. 柏木圭、钵. 小高千绘］
［杵］Φ70×II100㎜
［钵］Φ130×H60mm
b‖ 榨柠檬器 150mm
c‖ 精致麻扫帚
680mm–1200mm
d‖ 马铃薯捣泥棒 300mm
e‖ 门档
［小］120×32×H28mm
［大］200×48×H40mm

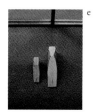

SATOSEN | 5S 白瓷杯

=

第一眼见到这杯子，可能会觉得就是个简单到无法再简单的普通白瓷杯，但特别注意杯缘的部分，由内而外依序是白色、灰色、白色、青绿色，最后是白色，总共有五层非常细微的层次相间，看起来宛如年轮蛋糕。这个产品之所以名为"5S"，就是取其"5层"［strata］的意思，也是它最大的特色，而这是通过在铸模里反复注入不同釉色的瓷土所得出的效果，是款能代表SATOSEN公司的产品。我曾有幸参观这个杯子的制作过程，亲眼目睹兀自安静地伫立在工厂的机器，它宛如肩负着与以秒为单位的时间赛跑的使命，让人惊奇。注入石膏模型的泥浆，随着时间水分被吸收，在模型表面形成一层瓷土薄膜。当时间一秒一秒过去，再往薄膜内侧注入泥浆增加厚度并形成第二层膜，之后继续往内侧重复注入的动作，好比地层一般随着时间累积出厚度和层次。与此同时，"以型成型"不断重复改变每一层彼此的关系，是相当巧妙的制作方式。姑且不论这样是否算手工，这件作品上也几乎不见任何因手工作业可能留下的痕迹。这种一心维持商品质量稳定度与完美的意志力便隐藏在杯缘的层次里，完全彰显着细腻的操作技巧。

前页
SATOSEN 5S 白瓷杯
Φ68×H56mm

guillemets layout studio | 灯罩

=

要简单形容这吊挂式灯具的魅力实在有些困难，因为它与空间形成的相对关系使它成为非常厉害的生活用品。我曾因喝醉了在麻布十番站赶搭末班电车，狼狈地跑到好友猿山修家借住一晚，他家的灯具给我留下深刻印象。我依稀记得穿过榻榻米到房间正中央，那儿孤零零放着一张老旧的木工作桌。一盏垂吊得极低、几乎人站起来就会碰到的灯，从小小的灯罩映射出光，昏暗地照着木桌。即使那时喝得醉醺醺的，那朦胧的画面一直停留在我脑海中，从此只要想到照明设备就会浮现那盏象牙白灯罩投射出的暖昧光影。这个在拉坯机上成型的灯罩便是由猿山设计、陶艺家冈田直人制作的物品，选用的是冈田家乡开采的半瓷土。灯罩侧面开了个小洞，只要用专门的钩子牵引，就可像舞台灯一样随意照射墙面任何一个角落，这样的考虑已不只着眼于平面或立体物的设计，而是横跨至空间设计领域，是只有猿山才能设计出来，可以如此广泛运用的一项产品。

guillemets layout studio
灯罩
［S］ Φ120×H42mm
［M］ Φ150×H60mm
［L］ Φ180×H80mm

永恒如新的日常设计

timeless, self-evident

043

iwaki｜壶嘴碗

=

我很喜欢壶嘴的设计，更不用说对任何容器的热爱了。这物品的外貌无显著个性，像化学实验用蒸发皿，完全结合了我最喜欢的元素。共有四种尺寸，全部套叠收纳在一起，像水波纹一样体现着"容器的美学"，实在找不出任何不喜欢它的理由。我结婚的时候，便是用瑞典织物品牌 Kardelen 的厨房布巾包裹着这一套四件的壶嘴碗，作为送给亲友的礼物。无论用来装切好捣碎的辛香料与色拉酱，还是用来装盛水果都很适合；在厨房里或餐桌上、吃西餐或和食皆能使用，是一套不需挑选场合与状况、中性万用的容器。

044

iwaki｜水壶

=

轻量、耐高温、附把手和盖子、形状容易清洗，即使需要横放于冰箱隔层也没问题，这个水壶完全符合以上所有条件。如果盖子不是树脂材质的话，我就给它满分一百了。记忆中，这个物品以前是由德国蔡司集团旗下专门制造耐热玻璃的公司 Jenaer Glas 代工生产的，因此曾被称为 "Jenaer Jug"［耶拿水壶］。该

材质是由名为奥托·司各特［Friedrich Otto Schott］的德国化学家于 19 世纪开发出来的 "硼硅酸盐玻璃"，是种遇热膨胀率低，十分耐高温的玻璃材质。在我家里，我们会把用热水冲泡好的麦茶直接倒进水壶里，或是用来装高汤，用途广泛。壶嘴的尺寸恰好不会让滤茶器掉出来也是另一优点。

iwaki 水壶
1000ml Φ870×H245mm
–
iwaki 壶嘴碗
50ml Φ75×H36mm
100ml Φ93×H45mm
250ml Φ121×H50mm
500ml Φ152×H70mm

OUTBOUND

H.P.E. | 蓝靛族手缝包巾

二

H.P.E. 蓝靛族手缝包巾
[小] 800×800mm
[大] 1000×1000mm

谷由起子第一次到老挝拜访并住在蓝靛族村落时，收到村民送给她的纪念品，是一条边角用棉布拼缝出正方形的包巾。一问之下，据说以前他们会拿来当做头巾或是用来包裹物品，而这条纪念包巾也就成了 H.P.E. 包巾商品的原型。

蓝靛族人制作的棉布有几个基本色彩，未经染过的原色、蓝、黑及暗红共四色，以这些色彩作组合再通过制作者各自发挥灵感巧思，以细腻的手工缝制每一条包巾。老实说我第一次看到这项商品时，对于稍欠缺时尚味的外观有些意外。

蓝布是用新鲜的蓝染颜料过一次色；黑布则得浸泡在蓝色染料中一段时间后，经过日晒、清洗、风干，再度浸泡在染料里，重复进行差不多两个月，最后再浸泡煮过地瓜的汤汁让其定色；至于红布，听说原先染色的方法现已年久失传，只能节省地使用过去已染好的珍贵布料。

如此繁复的制作方式，似乎蕴含着蓝靛族人的劳动文化。即使别人不会注意的地方，他们都理所当然地坚持用前人传下来、耗时且费工的方法继续制作着这些手工艺品。例如制作蓝染颜料不可或缺的石灰，他们是到山里采挖石头回来自己烧制；而纺织需要用到的糊料则是将采收的米以石臼碾出米浆作为原料。只不过，听说他们赖以维生的森林，也因产业急遽变化而成一片片橡胶园，加上愈来愈少人有穿着蓝染传统服饰的习惯，因此这些技术已渐渐面临失传。或许为此感到可惜而想给他们一些物质上的回馈只是我们一厢情愿的想法，但是生活在同样的时代，每当我看到他们不惜耗费这么多工夫完成的作品，总引我忍不住去思考社会追求发展的同时，那些被我们所舍弃的东西。

Ruise B ｜ 草编篮

=

这些漂亮的草编篮是出自非洲中部卢旺达的妇女们之手。使用的材质是一种在当地称为甜草，类似日本蔺草的植物作为芯材，再一针一针仔细地绕卷上琼麻使其更为坚韧耐用，是在卢旺达普遍可见、采用当地天然素材制作的传统工艺品。在这个工艺品里展现的编织技法，有的甚至是母亲传授给女儿，对当地人生活极有帮助的技术。由于卢旺达经历 1994 年的内战，许多主事生产的一家之主都在战争中丧生，为了改善这些丧偶妇女们的生活，政府希望让这项工艺再度复兴而对生产者实行奖励。Ruise B 的小泽里惠在几年前偶然看到这个草编篮，虽然当时看到的是接受别国技术指导的工会制作出来的商品，但是她秉持着作品理应体现当地人观点与精神的理念，选择硬着头皮跑到卢旺达首都基加利，与原本非常贫穷且完全没有输出经验的十六个工会直接签订合约。在各方人脉的支持下，她十分有毅力地试着提升产品质量和改变当地人的意识形态，如今终于可以生产质量稳定的商品。草编篮上的花纹设计完全出自当地人的想象力，分别命名为"大地"、"握手"、"千丘之国"等，这些商品名里寄托着卢旺达人对自然的憧憬与对和平的冀望。他们对图样设计的敏锐度和精致的做工实属难得，纵使他们失去了许多东西，重要的是他们守护住了这份宝贵的财产，仅此便是极其欣慰与激励的事。

Ruise B 草编篮
〔小〕Φ200×H50mm
〔大〕Φ300×H90mm

永恒如新的日常设计
timeless, self-evident

047 | › p.082

CHEMEX | 手冲咖啡壶 等

048 | › p.083

柳宗理 | 咖啡杯、盘、酱料罐 等

永恒如新的日常设计

timeless, self-evident

CHEMEX｜手冲咖啡壶
一柳京子｜马克杯
土屋织物所｜桌垫

=

这个咖啡壶是德国化学家彼得·舒兰鲍姆［Peter J. Schlumbohm］博士在1941年移居美国后发想出的商品，是以实验室里的锥形烧瓶与漏斗造型为概念设计的。1939年他就曾以一个附有把手、用耐热的硼硅酸盐玻璃制成的"过滤器"取得美国专利，而那就是现在这个咖啡壶的雏形。这么一说，这日用品是从医学衍生而来的德惠呢！如果忘了这个源由就再看看它放置在窗边的模样吧！它那坚硬的玻璃材质，和给人温暖感受的防烫木环与皮绳之间的对比，真是令人赞赏。本来我家有一个六人份的，是我们夫妻俩的爱用品，有次清洗时不小心撞到水龙头就破了。而后因为太太怀了老二，有段期间暂时戒饮咖啡，所以直到去年我生日时，她才又送了我一个一模一样的三人份手冲壶作为礼物。从此它那变得更为简约利落的造型加倍让我迷恋不已，等到哪天夫妻俩能够再一起享受咖啡时光，我一定还会再添购一款六人用的。

几年前曾有机会造访一柳京子的工作室，她本人使用的马克杯吸引了我的目光，一问之下原来是过去制作的商品。在那之前我从未遇到让我觉得很棒的手工马克杯，那时却突然出现在我眼前，我当场二话不说就央求她帮我做个一模一样的，如今成为我每日早上最爱用的咖啡杯。看着杯子随着使用慢慢被色素渗透，形成一种难以形容的微妙质感，真是令人欣喜啊。

同一张照片里看到的桌垫，是以棉麻混纺的平织布制作而成，出自以奈良为活动据点的手工艺家土屋美惠子的工坊"土屋织物所"。自从在大阪市的工艺市集买来之后，就成了我每日爱用的物品。这一条原本是为了试探市场反应、运用手织素面布料制作的商品，之后陆续有了其他样式与颜色，并且持续地生产。布料因为有些厚度，对折之后也很适合当隔热垫。

a

b

c

d

e

柳宗理｜咖啡杯盘组
A di ALESSI｜Adagio 双层结构保温壶
A di ALESSI｜PlateBowlCup 马克杯
±0｜马克杯 ‖ Tonfisk｜Inside 保鲜罐
Hemslojd｜咖啡量匙 ‖ 捷克制｜古董磨豆机
—

a ‖ CHEMEX 手冲咖啡壶［三人份］
Φ80×H210mm
—
一柳京子 马克杯
130ml Φ100×H90mm
—
土屋织物所 桌垫
450×320mm・参考商品
—
b ‖ 柳宗理 咖啡杯盘组
咖啡杯 200ml Φ82×H65mm
盘 Φ153×H22mm
—
c ‖ 由内至外
A di ALESSI Adagio
双层结构保温壶
600ml Φ110×H165mm
—
A di ALESSI PlateBowlCup
马克杯
300ml Φ80×H84mm
—
±0 马克杯
240ml Φ78×H89mm
—
d ‖ Tonfisk Inside 保鲜罐
［S］380ml H110mm
［M］700ml H135mm
—
Hemslojd 咖啡量匙
110mm
—
e ‖ 捷克制 古董磨豆机
100×100×H165mm・参考商品

这个柳宗理的咖啡杯盘组简直像是那种"静物画里会出现的道具"，乍看样貌平淡无奇，但正是我先前一再强调的"杯子就该长得像个杯子"。起初是在战后不久的 1948 年，由松村硬质陶瓷公司贩卖的商品，受到部分咖啡馆的青睐，但许多百货则以"上面没有彩绘的杯子感觉像是半成品"为由婉拒进货。后来又因为战后物资不足，缺乏烧制燃料而无法生产，因此渐渐看不到它的踪影。经过很长一段时间，直到 1990 年才以骨瓷替换原先的松村硬质陶瓷，并由 NIKKO 公司生产复刻版。这证明了好的设计是不会被遗忘的。这个许多饭店都采用的不锈钢材质保温壶，是由芬兰裔设计师克里斯蒂娜・拉苏斯［Kristiina Lassus］所设计的产品。外部为镜面，内部则作雾面处理，双层内壁设计保温效能非常好。像我享用早餐的时候就会把在 CHEMEX 咖啡壶滴滤好的咖啡倒到这个保温壶里，只需单手就可倾注，使用起来利落简便。紧邻不锈钢保温壶、较靠近照片内侧的马克杯是由莫里森设计、ALESSI 在 2008 年发表的；靠外侧看似一模一样的则是深泽直人设计、2007 年由 ±0 推出的作品。其实两人在 2006 年共同策划了一个名为"Super Normal"的展览，从坊间搜

罗了两百多件平凡至极的物品，展览的本意便是再度审视何谓"普通"的定义，以及这些平凡物品之于我们生活的意义。有趣的是，展览之后两人不约而同推出了造型相近、尺寸也几乎相同的马克杯，虽然把手的好握度以及与杯口的距离等细节略有不同，但皆遵循"普通"这个词的精神为设计概念，可以说是极尽收敛简化的一个产品设计案例。
Tonfisk 是 1999 年创立于芬兰的餐具公司，照片中的保鲜罐便出自该品牌，是我太太在过去工作过的室内家饰公司买的，也算是她的嫁妆之一了。除了适合存放咖啡豆外，它光滑的陶瓷质地与像用了很久的瓶塞上坑坑巴巴的触感形成强烈对比，也是我很钟意的地方。
这个从瑞典手工艺组织协会 Hemslojd 得来的咖啡量匙，是用杜松木做的，据说是当地人利用农作空档勤快制作的物品，它的朴实平凡深得我心。
至于古董磨豆机是我在布拉格的古董店买的，为了测试它是否还能顺畅运作，我先在家里试用，或许是用了之后个人对它产生了感情，在店里竟变得不畅销了。话说，漫步在布拉格街角巷间时所感受到的氛围，很像沿着京都鸭川散步一样的感觉呢。

049

Peroni｜零钱包
perofil｜手帕
Peerless｜折伞
POSTALCO｜收纳包

＝

Peroni 零钱包在制作过程中完全未使用任何缝线，极佳的手感任谁都难以抵挡它的魅力。掀起造型独特的圆弧形上盖，零钱会从里头滑出并聚集在凹陷的上盖处，即盖子本身同时具有收纳和释出功能。在这两种功能之间互换的结构设计，看似只是小小创意，我觉得却是种动力学上的转换，是非常精巧的构想。

老实说，关于手帕之于男性时尚这件事我没什么概念，却因参加一场品牌服装发表会得到一条手帕作为礼物，从此成为我的随身爱用之物，但事实上我很少买手帕。有一天在店里处理商品时刚好看到 perofil 的手帕，我自己试着用用看之后发现，吸水性真的很好，既然店里就有质感如此精良的手帕，也就更不需舍近求远，特地去寻找好的手帕了。

大概没有什么比被突如其来的雨追赶，迫不得已去便利店买把塑料伞更让人感觉郁闷的事了。虽然我本人也很崇拜浪人画家山下清，但我恐怕还无法像他那样自在豁达，在背包插支长雨伞还能昂首阔步地走在大街上，想来想去只有随身带把折伞是最佳解答。不管拿托特包还是后背包，Peerless 的折伞都能轻易收纳其中。它那木头把手的弧度与突起棱线之间的平衡感尤其耐看。

如果要以一句话描述 POSTALCO 的产品特征，那就是"你会觉得好像买过这样东西，但实际上却没有"，它的质朴简约让人感觉亲切，但在亲切感当中却又有种独特性。结合牛皮与压缩棉材质的金属扣眼收纳包系列，还有裱布的线圈笔记本，不管哪种产品都走低调内敛路线，给人在图书馆里一般的沉稳感觉。但实际使用时，却会发现一个个隐藏于诸多细节当中的精致做工，然后将不由自主低语赞叹："像这样的东西还真是带给人无限的惊喜啊！"

左上 ‖ Peroni 零钱包
73×70×H25mm
–
右上 ‖ perofil 手帕
490×490mm
LAMY econ 不锈钢自动铅笔
Φ10×140mm 笔芯粗 0.7mm
–
左下 ‖ Peerless 折伞
折叠时 430mm
撑开时 Φ900×650mm
–
右下 ‖ POSTALCO
明信片收纳包［鲜红色］
193×135mm
旅行用收纳包［橄榄绿］
270×130mm
工具箱［深蓝色］
210×85×H30mm
书衣［深蓝色］
120×170mm
名片夹［浅绿色］
110×69mm
紫色笔记本 A6
170×115mm

Shigeki Fujishiro Design | knot绳结袋
＝

以聚酯纤维制成的工业用绳索，借由打绳结的方式编织成一个多用途的提袋。设计这个绳结袋的是藤城成贵，据说他本人很喜爱户外活动，时常与友人开着车去露营，这项产品他原先就是为户外使用而设计，绝对可以说是受到藤城日常生活的启发或影响而诞生的一项物品。它可以当做壁挂式的收纳袋或杂志收纳等任你自由运用。

造访他那曾经是中学学校厨房的工作室时，发现里面摆满了各样构思中的研究模型。听说每个产品量产

前到委托制作的工厂开会时，他一定会带着自己亲手制作的样品去，这个绳结袋当然也不例外。

这红色绳子是原本绳材制造商生产出来的颜色。绳子的直径设定为10mm，是因为再粗会增加打绳结的难度；但比这细的话便不够坚韧、袋子无法立起来，是几经实验后得出能兼顾各方需求的平衡值。最适切的答案往往已经存在，而设计师真的是如"摸索"这个词字面的意思，在摸索中寻求那个最佳数据。我们从这个商品上确实看见了这个过程。

Shigeki Fujishiro Design knot 绳结袋
300×300×H200mm

051

i ro se | paper craft **托盘**

=

i ro se paper craft 托盘
230×230mm

乍看像揉过的纸团，其实是个皮革制的托盘，皮革里层包裹建筑工程用的隔音铅板，可以任意折成你要的形状。表层素材是柔软的猪皮，可以保护托盘内的物品不会因摩擦而刮损。为了制造出折痕，加工时必须不断重复将它揉成球形再摊开，才能形成如此丰富的纹路表情。放在玄关，回家时顺手将口袋里的钥匙等小物丢到里头，似乎刚刚好。推出这个名为"paper craft"纸工艺系列的 i ro se，是由高桥源与高桥

大兄弟档成立的包包品牌，每年都会推出新商品，唯独这系列是一直以来都不曾改变或被淘汰的基本品项。品牌名称 i ro se 在日本的古文里是"同母异父兄弟"之意，也是汉字颜色的"色"这个字的语源。高桥自己则将这个稍微有点重量、可塑型的托盘，拿来当作数码相机的收纳包。除了制作者的身份，同时也站在使用者的角度想来更能自由地发想出周全的设计。

英国军用品 | 折叠椅

法国博物学家拉马克曾发表过"物品的功能性应在形式之上"的主张，后来又被建筑师路易斯·沙里文（Louis Henri Sullivan）在演讲中引用，而我很想说这张木制折叠椅便是体现这句话的典型案例。虽然喜欢引经据典、大肆发表自己的喜好的确是男人一大毛病，总而言之，简单朴素的美感中又具备必要的功能性，

真的是令人感动且难以抵挡的事。这张来自英国军用品的椅子，是过去曾为英属殖民地、位于地中海中央的马耳他岛在殖民时期使用的物品。值得一提的是，折叠起来厚度只有 4cm，而且能完全平整不会有任何突出部分。椅背和坐面和缓的倾斜度坐起来十分舒服，在我们家是将它当做餐桌椅使用的。

053

井藤昌志｜折叠桌

=

前页
英国军用品 折叠椅
460×485×H795 SH445mm
—
井藤昌志
折叠桌［草木染枫木］
700×700×H/30mm

这张折叠桌折起和摊开时有着截然不同的样貌。设计上运用了英国古董家具的基本结构，然后将多余的元素删减至最低。使用的是经过草木染的枫木，整体浸泡过混有二氧化硅的无机涂料以提高防水性，之后再上油。除了一些小五金零件外，全都是木头制的。此外，因为折叠关节处的螺丝都是可调节的，因此开合的松紧流畅度可自行调整。

这张令人惊叹的桌子，造型上表现出的张力和构造之美，处处都象征着"一丝不苟的精致做工"，也是我对井藤这个人的印象。耐人寻味的是，我也时常见到他将信手拈来的物品再造或拼凑出随兴的作品。如利用神社寺庙的横梁做成长凳，或将居酒屋层架的层板转而拿来当做抽屉柜、工作台或边桌的桌面。他一方面拥有从精细绘制的图稿掌握设计方向的能力，一方面也与生俱来一种敏锐嗅觉，能挖掘素材潜在机能和自己潜意识的声音，可说"理性"与"感性"兼具。因此无论是创作者本身给人的感觉还是他的作品，都可以看见这两种不同的特质。

054

须田二郎 | 栎木碗
二

这个碗面稍微有点歪斜，有着美丽木纹的碗，即使一看便知是手工制作的物品，却觉得它生来就是这副模样。木工艺家须田二郎，曾经在当了一段时间的上班族之后到澳洲流浪，而后做过面包师傅，还有过采用自然农法务农的经验。由于冬天在林务局工作的关系，基于想让不得不砍伐的杂木林能有再生的机会，凭着自学开始制作起一些木制器具。

在原木还保有水分的状态下用锯子锯断，放在圆形旋转盘上削出器皿的形体，削完之后宛如正圆的作品，在干燥过程中会产生自然的变形，大概经过一两周，多余的水分彻底蒸发时，那种偶然形成的歪斜更为其原有的美妙姿态增色。

我建议一开始尽可能将这个木碗当做沙拉碗使用，因为沙拉酱里的醋与油渗透入木碗的表面再风干硬化后，会慢慢增加木碗的耐水性。

须田二郎 栎木碗
Φ258×H110mm

055

熊谷幸治｜花器

=

创作家熊谷幸治，试图为远离泥土大地、进化到科学文明的现代人生活，带入一丝泥土的朴实感。在一边想亲近绳文及弥生时期的古代人，一边又想与其脱离对抗的矛盾情结中，持续追求泥土创作的可能性。店里有许多他的作品，看起来没有什么具体功能。有些是将割取下来的陶土不经揉捏直接塑型，然后抛磨、窑烧；有时反而是经过揉捏过程之后风干，再切割出他要的形体去窑烧，这些肉眼看不出来的步骤，却有着超过作品功能性的作用。

话虽如此，这个花器却是他刚开始制作陶器时，致力研究的"有用途物品"之一。做法是在拉坯机上塑型，抛磨直到显露出光泽，不上釉药然后采取野烧方式以800—900℃的低温烧制而成。同时为了作防水处理灌入蜜蜡，并且在原本米灰色的陶土里加入煤灰染成黑色。如此游走于功能性对象的创作和无功能性的艺术作品之间，对熊谷而言或许并没有太大的不同吧。套用一句他本人说过的话："我不过就是想用陶土做些什么东西，如此而已。"

056

MAROBAYA｜浴巾
atelier Une place｜沐浴巾
H.P.E.｜克木族手制网袋
Babaghuri｜甘松肥皂

＝

MAROBAYA 的衣服和布制品，常会让人一度稍嫌"过分普通"，但往往展开时便可以感受到原先觉察不到的一种人见人爱的魅力。这条浴巾有种"大尺寸手帕"的感觉，和市面上随处可见的毛巾织物相当不同。尽管如此，双层纱布的材质，无论是肌肤的触感还是吸水性都非常优异，厚薄适中不占空间方便携带，而且快干这一点更是令人赞赏。倒也不是说那种饭店用的厚重毛巾不好，但相较之下，我觉得这种浴巾在湿度偏高的日本其实是较适合的。位于歧阜县多治见市的一间工作室 atelier Une place，专门以优良材质精心生产布制品。采耐用的亚麻布以绞织法制作而成的这条沐浴巾，是他们生产的种种商品中的基本款。适切的软硬度加上很容易起泡的质地，可以给予肌肤刚刚好的微刺激。值得一提的是，它具备超强的洗净力。至于照片中放置肥皂的网袋，则是住在老挝北部的少数民族克木族，用葛藤纤维制作的多用途小网袋。乍看像是渔网一般，但从一个个线的打结处可以看见非常惊人的精细做工。

甘松是一种生长在喜马拉雅等高山地区的原生多年草本植物，照片中的肥皂是以棕榈油、椰子油等天然成分为基底，再加入从甘松根部提炼出来的精油制作而成。这种植物在日本被称为甘松，便是因为它有着松脂独特的香气，且具镇静作用。这股香气对我个人来说，倒是唤起了我十几岁去上美术预备学校时的记忆，让我联想到油画课学生用的松香油的气味，颇有几分怀念呢。

MAROBAYA 浴巾［未经漂白］
1430×870mm
–
atelier Une place 沐浴巾
260×800mm
–
H.P.E. 克木族手制网袋
115×125mm
–
Babaghuri 甘松肥皂
73×45×H23mm 90g

富井贵志｜铜锣钵
fresco｜OUTBOUND订制玻璃杯No.2

＝

这个采用日本樱桦木为素材，再经过上漆处理的圆形托盘，是出自曾经在飞驒高山以木工职人身份学习技术，现在在京都相乐郡区成立一间工坊的富井贵志之手。照片里的这个托盘是在我家已使用了两年的物品，和购入时相比，感觉如今浮现出来的木纹更美且带有光泽。用来放置茶具，或是夜晚一个人心血来潮想小酌时放瓶啤酒，最合适不过。从侧面看，上端边缘似乎有点锐利，事实上内侧有适度地作圆弧设计，拿在手里的感觉很好。

照片中的玻璃杯是向大阪的玻璃工坊 fresco 特别订制的，不使用任何模具而是直接吹玻成型。由于它的造型本身很简单，我特别要求要与一般市面上主流玻璃杯的尺寸作区隔。结果收到完成品时，发现拿来当啤酒杯使用十分方便顺手。此系列还有另外一个较矮、口径较宽的称作 "No.1" 的杯子，一个适合作为花器使用，更大一点的 "No.3"。这三个尺寸在设计时，便刻意让杯身侧面倾斜角度都相同，是很有整体感的系列作品。

Dove&Olive｜侧背包
FERNAND LEATHER｜Kelly Pouch 斜背袋
JABEZ CLIF｜皮带
=

就好像一首你唱了很久的歌巳烙印在脑海中一样，第一眼看到这个侧背包总觉得似曾相识很有亲切感。设计师小野一以及蔡郁珍两人在冈山成立工作室 Dove&Olive，所制作出来的东西似乎都像这样，同时融合了新鲜感与怀旧气息。他们的每一个包包都是在意大利花费许多时间寻觅上等皮革后，精准地裁切所需面积，最后再经过仔细的缝制才完成的。站在他们所制作出来的精美皮革用品之前，感觉到他们俩简直就是"劳动"与"祈祷"的同义词。小野还有另一个兴趣是版画，从他的版画作品中也可看出其高尚独到的品味。听闻他本身很喜欢以《晚祷》为人熟知的艺术家米勒，就突然可以理解他的作品中，为何让人有着那样的风格联想了。

另一边的斜背袋，是利用做皮革凉鞋剩下的皮料反面制成，完全是"精致"的反义词。刻意采用看起来粗劣的制作方式，还有袋盖处不修边幅的造型，一切都与一般皮件有着微妙的不同。刚开始用的时候，包包的颜色沾染到白衬衫，让我看清了这绝对不是什么多精美的物品的事实。但尽管如此，我仍被它粗犷的感觉深深吸引，这真是人都会有的矛盾情结啊。

我时常觉得皮带是个介于"装饰品"与"用品"之间的对象，但 JABEZ CLIF 的皮带绝对是属于后者。如果大家知道它是利用 1793 年就创立的马具制造商生产的马镫皮带做的，相信大家就会同意我所说的。虽然这条皮带经过数年，至今一直作为样品供在店里，不过我本人一年365 天可也都使用着这条皮带，甚至和朋友相约出游，盛情难却之下下海玩耍时也都系着。不用说，在这么频繁使用之下，皮带的纹路和色泽都增添许多表情呢。

a‖Dove&Olive 侧背包
380×120×H250mm
–
b‖FERNAND LEATHER
Kelly Pouch 斜背袋
130×35×H220mm
–
c‖JABEZ CLIF 皮带
30inch 28×750mm–
36inch 28×900mm

Forest shoemaker | forest shoes
TAPIR | 皮革用蜡＆保养油
Iris Hantverk | 衣服用、鞋用马鬃刷
德国军用品 | 厨房用布巾
捷克军用品 | 纱布罐
=

a ‖ Forest shoemaker
forest shoes ［男生高统款］
24.5cm – 27.5cm
−
TAPIR
b ‖ Lederfett ［皮革用蜡］
85ml
c ‖ Lederpflegecreme ［皮革用乳膏］
75ml
d ‖ Lederpflege ［皮革用乳液］
100ml
−
e ‖ Iris Hantverk
衣服用、鞋用马鬃刷
250×30×H35mm
−
f ‖ 德国军用品 厨房用布巾
500×1000mm
−
g ‖ 捷克军用品 纱布罐
　［小］Φ170×H110mm
　［大］Φ270×H150mm

Forest shoemaker 是一间由松下宏树与松下彩夫妇共同拥有的制鞋工坊，地点位于枥木县。因某个机缘，我在松下举办的手工艺市集上认识了他们，看到这双鞋那道具般的模样，再加上试穿的舒适感完全打动了我，于是当场向他们订购了一双。至今将近三年的时间，一直都入列我的爱用品清单中。用一整张鞣制皮革做成的靴子，穿的时候好像包覆着脚一般贴合舒适，甚至是高科技鞋款也无法得到的合脚感受。穿上时那种"咻"一声挤出空气的声音，听起来实在很爽快。无论上街散步或登山健行，似乎因为它也变得更有动力，可说是会激发旅行兴致的一双好鞋。

会引进 TAPIR 的产品正是因为松下的大力劝说，他自己的工坊里也是使用 TAPIR 的产品保养皮鞋。这个品牌的创办人虽然只是个学生，但坚持使用不含有机溶剂和石油衍生物的天然原料制作，这样的原则与心意实属难得，让人用了无后顾之忧。据说他们费了好一番工夫找到19 世纪流传下来的配方，经过辛苦研发才终于改良出满意的产品。

采用很好持握的山毛榉当把手，以长 2.5cm 的马毛作刷毛，这些都是 Iris 刷子的特色。把手处适度做了一个内凹弧度的设计，握起来很轻松。不管是刷去外套上的灰尘或刷亮皮鞋，针对任何用途都能在 Iris 找到合适的刷子。上头有着人字织纹的厨房用布巾，其实也很适合擦拭鞋子上的脏污。等到它在厨房役满毕业后，不如把它放到玄关的鞋柜里继续使用吧！照片中从捷克军用品释出的纱布罐，是黄铜镀镍的材质，罐子上还附有把手方便拿着到处移动，正好适合用来收纳鞋刷、拭布等用品。

060

BOSKEE｜Sky Planter倒吊式花盆

=

如果哪天你听到朋友说，"在我家，我们都把盆栽倒吊着让它从天花板垂挂下来"。你一定会怀疑他们是在开玩笑吧，更不用说如果还听到"真的有人正在开发这项商品"。但是来自新西兰的工业设计师帕特里克·莫里斯［Patrick Morris］，真的将这个恐怕未曾有人想过的点子付诸实现，成功制作出商品并营销这个新颖的生活用具。

这个花盆的底部［也就是上部］安置了一个赤土陶制的小储水盆，只要在里面放水，它就会一点点慢慢地渗出以灌溉盆栽里的植物。这个十分大胆创新的产品，颠覆了一般人认为盆栽应该从根部往上生长的逻辑，但是了解它的构造原理之后，便会发觉其实是个非常合理的发明呢。

BOSKEE Sky Planter
倒吊式花盆
Φ90×H120mm
-
Iris Hantverk
扫帚畚箕组
［畚箕］275×H860mm
［扫帚］230×H920mm

061

Iris Hantverk｜扫帚畚箕组

=

瑞典的 Iris 集团一直持续借由许多
活动关怀及支持视障者，包括协助
出版有声版本的新闻与杂志，以及
有声图书馆的营运等。这个扫帚畚
箕组是 Iris 旗下 Hantverk 公司的产
品，是由视障者亲手制作的。这些
因视力不佳、指间触感特别敏锐且

技术纯熟的工匠们，用他们的双手
进行着几乎自 19 世纪以来就不曾改
变过的纯手工作业。在我的店里，
这是个打扫的好工具。

原先的畚箕是铁制的，后来改成树
脂材质虽然有点可惜，但是站立时
的稳定度也因此提升依旧令人满意。

062 | › p.104

Hippopotamus | ORGANIC BC BLEND 毛巾

063 | › p.105

marimekko ｜ MATKURI 托特包

永恒如初的日常仪轨

timeless, self-evident

Hippopotamus ｜ ORGANIC BC BLEND 毛巾
raregem ｜ FOB BAG 购物袋
HENRY&HENRY ｜ FLIPPER 海滩夹脚拖鞋
＝

前阵子家里用了十年的洗衣机终于坏了，不得已只好买了台具备烘干功能的新洗衣机。试用之下，我非常惊讶同样已使用了十年的旧毛巾，烘干之后竟能如此柔软。自此之后，它也实实在在软化了原本深深烙印在我心目中、"每个男生都要把晒干后硬邦邦的毛巾拿来摩擦头顶"这个不知从何而来的古板可笑观念。

刚好也在这时，我认识了以有机棉以及再生竹纤维制作，且色彩缤纷灿烂的 Hippopotamus 毛巾。当我把加勒比海蓝的洗脸巾洗干净放到烘衣机烘干时，那柔软度真的会让人禁不住微笑。后来我发现很多桑拿及美体美肤沙龙也都使用它的毛巾。以前制造商曾让我看过某间店铺里使用了整整三年的毛巾，让我对它那愈用愈有味道的状态印象十分深刻啊。

照片中这些印制了文字及图案的提袋，使用的是从北美和欧洲进口的木材捆包材。raregem 的西条从他室内装潢与家具制作的正业衍生出来的副产品，就是这些购物袋，给予了这些原先要丢弃的材料第二生命。

这些素材是百分之百可再生回收的［也就是说保证还能有第三生命］的聚酯纤维，因为作为捆包材本来就具有优秀的防水、防湿性，而且编织过的纤维，坚韧度提高，较不容易损毁。

本来作为别的用途的材质转而用以制作袋子的案例，还有瑞士的 FREITAG，它们以卡车帆布篷制作的邮差包等包款也很有名。不过这里介绍的这个购物袋，最独特且难得的一点是，使用这个材质的当事者本身看见了这个材质的价值，而尝试转而运用于提袋上。就好比如果是运输业者自己发现卡车帆布篷的可能性，自己主动研发制作邮差包一样难能可贵。

第一次约会就穿着海滩凉鞋的率直男性，其实很讨喜不是吗？不过也得是双体面好看的海滩鞋。只要有一双这个意大利制的优雅海滩夹脚拖，万一哪天女朋友突然说"好想去海边走走"，就不用陷于穿着便鞋走在沙滩上那种鞋底不断进沙又难过的窘境了。

a ‖ Hippopotamus
ORGANIC BC BLEND
小方巾 350×380mm
洗脸巾 350×950mm
浴巾 720×1460mm
－
b ‖ raregem FOB BAG 购物袋
［S］370×230×H200mm
［M］340×85×H340mm
［L］610×250×H395mm
－
c ‖ HENRY&HENRY
FLIPPER 海滩夹脚拖鞋
37–38［24–24.5cm］
43–44［27–27.5cm］

marimekko｜MATKURI 托特包
野上美喜｜克什米尔披肩

二

marimekko MATKURI 托特包
520×230×H470mm
—
野上美喜 克什米尔披肩
520×2000mm

每次看到大包包就浮现想去哪里旅行念头的人，应该不只有我吧。几乎与"旅行"画上等号的这个大托特包，自从 1970 年代登场以来，毫无疑问一直在呼唤着人们想要出走的不安定灵魂。磅数高、厚实的帆布，经染色后显色度高又坚固，感觉十分可靠耐用。虽然我总是嘀咕这个帆布包的提把太短不太好拿，但结果实际旅行的时候还是很仰赖它。所谓"基本／经典款"这种东西或许真的存在。不知道大家是否知道，约莫四十年前设计这个系列的知名芬兰设计师里斯托玛堤·拉堤亚［Ristomatti Ratia］，其实就是 marimekko 创办人亚米·拉堤亚［Armi Ratia］的儿子呢。

一直以来都觉得和克什米尔披肩没什么缘分的我，托这条披肩的福，了解到克什米尔披肩的好，从此它成了我每年冬天不可或缺的必备配件。刚好在迈入三十岁不久时，于某间艺廊兼复合式精品店里，第一次起了念头想要一条克什米尔披肩。克什米尔柔软又纤细的毛线，需要高度的耐心与细心才得以完成。那种严谨、高度纪律的工作模式着实打动了我，使我终于下手购入一条。制作这条披肩的野上美喜，从她的作品中可看出她是个穿和服一定会随时端正背部那道缝线的人，但另一方面却又会有让人跌破眼镜的意外之举，是个性格丰富的才女。我特别欣赏这种拥有开阔多元性的人。

Ecua-Andino ｜ HIPPIE long brim 巴拿马帽
HAWS ｜ 铜制浇水壶
BACSAC ｜ 花盆
HUSS ｜ 蚊香No.1
Babaghuri ｜ 南部铁蚊香座
二

这顶被称为"巴拿马"的草帽，是摘采生长在厄瓜多尔沿岸一种叫做巴拿马草的棕榈科属植物的新芽，经煮沸后将纤维自然晒干，然后再以手工仔细编织而成的。据说该地区的人从差不多 1630 年时，便已开始从事这项制作帽子的传统。这顶帽子的一大优点，是不用的时候可以卷起来收在袋子而不会变形。

照片中这个铜制的室内用小型浇水壶，吸引我的地方是它明快利落的直线条与优美曲线造型之间的对比，还有它因为未上涂漆而随着经年使用产生微妙色泽变化这一点。有趣的是，在日本制造商的网页上，一些记载了"预期使用年限"的商品当中就有这项产品，而它的预期使用年限是十年，看起来非常耐用的户外款式则预估可使用二十年。我十分期待这两样商品都能使用超过它们被预期年限的好几倍。

BACSAC 使用了用于堤防工程、富渗透性、可回收的材料制作出全新样貌的花盆。它们一直以开发最适合屋顶绿化之轻量且具透气性的植栽容器为目标，由设计师与园艺师共同构思研发，在 2008 年完成了这项产品。

来自德国的 HUSS，从 1930 年左右就在位于捷克边境一个叫做纽度夫［Neudorf］的村子，用木炭、淀粉、树脂等天然素材，以手工持续制作焚香。这里介绍的蚊香添加了闻起来很舒服的芳香植物，它那纸筒包装所呈现的氛围尤其有味道。

这个蚊香座简洁的设计与南部铁器的质感交融出十分协调的感觉。点燃时从盖子洞口和侧面细缝冒出的缕缕轻烟，真是很美的景象，可说是 OUTBOUND 的夏季特色商品。

a ‖ Ecua-Andino
HIPPIE long brim 巴拿马帽
［M~XL］

b ‖ HAWS 铜制浇水壶
1L 380×110×H160mm

c ‖ BACSAC 花盆 10L
Φ230×H230mm

d ‖ HUSS 蚊香 No.1［一包 5 支］
Φ8×H240mm

e ‖ Babaghuri 南部铁蚊香座
Φ152×H35mm

永恒如新的日常设计
timeless, self-evident

ILSE JACOBSEN Hornbak │ 绑带橡胶靴
Iris Hantverk │ 脚踏垫

=

ILSE JACOBSEN Hornbak
绑带橡胶靴
—
Iris Hantverk 脚踏垫
620×400×H36mm

一直想要一双走在街上感觉很酷的长靴，如果能带点复古经典的感觉就更好了。还要非合成橡胶而是天然橡胶制成，再加上少见的绑带设计，想来无疑是痴人说梦？每年我这个希望找到一双理想长靴的苦恼，不知在七夕许愿签上写过多少次了。然而，这双丹麦品牌 ILSE JACOBSEN 的橡胶靴出现后，这个烦恼顿时烟消云散。坚固耐用材质造就的实用美，与一丝丝洗练感之间有着恰到好处的平衡，而且还有我喜爱的绑带设计。多年来的愿望如今得以实现，明年七夕许愿签上到底该写什么好

呢？似乎马上又冒出一个新的烦恼啊！

人生说长不长，说短不短，在这样一生的时间当中，有多少人能幸运遇见一块理想的玄关踏垫呢？照片中是一块橡木上排列镶嵌着尼龙刷毛、形状方正的玄关脚踏垫。整齐排列的毛束配置所形成的视觉规律性，还有细致做工营造出来的张力，都十分难能可贵。如果你想了解"理性"这个词的意义，请一定要找个机会品味一下这块脚踏垫。这块由瑞典工厂输出的制品，目前为止是我心目中最理想的玄关脚踏垫。

POSTALCO｜斗篷雨衣
ARROW TRADING｜自行车

对 POSTALCO 的印象，多半停留在
文件数据收纳袋和笔记本等一些纸
类商品，因此一开始看到它们推出
这件防泼水的尼龙材质斗篷雨衣时，
有些惊讶。不过实际使用后，方便
手腕伸缩活动而无松紧带的袖口、
帽子的抽绳设计，都显示着设计师
不断反复检验、修改和调整样品所
下的工夫。促使 POSTALCO 产品
与众不同的是设计师麦克·艾伯森
［Mike Abelson］在商品设计上的"着
眼点"与"验证力"，每当雨天时穿
上它就可以实际感受到这一点。
而 ARROW 的经典自行车款，自
1972 年以来就一直是我所谓"长得
像自行车的自行车"，是款历久不衰
的逸品。

067

ABLOY ｜ 挂锁

=

POSTALCO 斗篷雨衣

—

ARROW TRADING 自行车
轮径 27inch，作者私物

ABLOY 挂锁
3020C 47×21×H65mm
3021C 47×21×H105mm

古罗马时代，当时的物品和我们使用的构造上大不相同，但那时就已经有挂锁存在的纪录了。美术课石膏像素描练习时常看到的卡拉卡拉皇帝和盖塔皇帝，两人都是被暗杀丧命，不难想象和现代相比，那可能是个人人皆需警戒的环境。

其实我对于"上锁"这个略带神秘色彩的行为很有兴趣。虽然没有必要在这里公开我个人喜好，不过这宛如见证历史的化石般、样貌和古代锁相差不远的黄铜锁身，简直就是集结了"机械构造"、"强度"、"测量法"三元素于一体的物品，这些都和物品必要的机能性紧密相关。制作出这样厉害顽强对象的ABLOY，是家专门研发安全防盗系统用品的公司，产品遍及各大机场、工厂、发电所等公共设施，甚至我最近才买的脚踏车，也少不了它的锁具，才能免于破坏或偷窃惨案。它绝对是个令人安心的必需品。

Jussila | 滑轮凳

=

"是凳子又可当阶梯的物品",说不上什么特别;"是凳子又可当阶梯,还能像车子般移动的物品",也没什么了不起。这个矮凳和一般凳子有那么一点点不同的地方在于,"它是凳子又可当阶梯,翻过来还能像车子般移动的物品"。我自己是在不经意把凳子翻过来时,意外发现这个早就该发现的事:原来,它一直以来就像个车子般存在着。

生产这个滑轮凳的是芬兰玩具制造商Jussila,这间公司的创办人优尚·九西拉[Juho Jussilan]认为,"每个孩子都有创造性思考的潜在能力,而这样的能力不应该受到过度思考的大人之预设答案所限制"。假设一个大人无法颠覆所谓"普通"这个词的窠臼,那么这个暗藏玄机、实则不普通的椅子对于意在反转或突破"普通"一词的孩子,其实是很好的启发之物。像我家的两个孩子,每天倒是乐此不疲地把矮凳翻来翻去,玩不腻这张凳子呢。

Jussila 滑轮凳
300×200×H210mm
[原木色]
[红色]

069

Drei Blatter | 积木

=

"双手可以传达心意至人心"，这其实是日本著名陶艺家河井宽次郎在《生命之窗》一书里面的格言，不过却也是德国 Blatter 公司的基本理念。他们一直以来皆秉持着"通过双手可传达想法至人心，借着手工艺让人回归赤子之心"的信念制作商品。

烘烤过的褐色木头表面宛如烤过的鸡蛋糕一样，看起来十分美味。有着各式各样的木纹和大小，有榆木做成的，也有山毛榉、白桦木、赤杨木或柳树做成的。"每一个的形状都不规则是这项商品的基本特色"，这不也正是我们身处的世界的写照吗？

这些充满个性与丰富表情的积木，来自德国南部著名"黑森林"砍伐的木头，然后经过两三年时间自然干燥后成为制作原料。我觉得现在也正好是个极佳的时机给家里的老二玩这些积木，让他也能开始从玩具里认识关于这个世界的事情。又或者，其实是我自己想借此想象环游全世界？

marimekko | Tasaraita Kids／
SIRITTAJA 包屁衣

关于横条纹衫的起源，有一说是开始于欧洲某些小岛渔夫所穿的横条纹毛衣，目的是如果在海上遇到暴风雨，发生船难而得跳海的话，身上醒目的条纹能让人远远地就被看见，是基于这样的考虑发想出来的物品。这里介绍的幼童条纹包屁衣，上头的花色其实具有某种功能性，不小心翻倒食物沾染到衣服比较不那么明显，当然也十分耐洗耐穿，这点从我们家两个被实验者频繁且粗鲁的使用当中得到实际验证。对这些小小的人生航海家而言，即使穿起来像是被一团被褥包裹着，应该也是种支持他们的温暖力量。话说回来，我也才意识到，自己原来已经以遥望孩子茁壮成长的立场站在一旁了。这个名为"横条纹"的系列，自 1968 年由设计师安妮卡·利马拉 [Annika Rimala] 发表以来，从大人款到小孩款皆有，成为marimekko 经年不败的基本款商品。

071

chisaka制鞋屋｜幼童学步鞋

marimekko Tasaraita Kids /
SIRITTAJA 包屁衣
68 inch：六个月大前后
74 inch：九个月大前后

NILKKASUKAT 袜子
19 al min：1 a 岁
22-24cm：2 岁

chisaka 制鞋屋
幼童学步鞋
12cm

一双幼童的小鞋光是摆在那里就软化了人们严肃紧绷的神情。它或许让某个人忆起许久不曾留意的某些日子片段，对某些人而言可能脑海中浮现孩子沉睡中的可爱脸庞；也可能有人因此陷入回忆的漩涡，怀念起一些人生画面。

这双幼童学步鞋，虽然很小但却纪念着孩子了重要的第一步，作为礼物送给小小孩是非常有意义的。制作这双鞋的千阪实木原本是个编辑，后来转换跑道，现在浅草一间工坊里努力制鞋。她采用莫卡辛鞋的做法打造这双幼儿鞋，使用柔软的小牛皮材质，次只专注制作一只脚，在木头模型上仔细而严谨地手缝制成。

072

mother dictionary｜木制餐盘
Kay Bojesen｜儿童餐具组
H.P.E.｜傣族手缝双层编织布巾
iittala｜Kartio无脚酒杯
=

mother dictionary 木制餐盘 24cm
有上油保养
Φ240×25mm
–
Kay Bojesen 儿童餐具组
［汤匙 95mm、小耙子
92mm、叉子 155mm］
–
H.P.E. 傣族手缝双层编织布巾
310×270mm
–
iittala Kartio 无脚酒杯
Φ80×H80mm 210ml
–
Saturnia 小型咖啡杯
Φ65×H50mm・参考商品

这个采用纹路非常漂亮的樱桃木为原料，在旭川木工厂制作的盘子，因为我很喜欢它的触感，所以 Roundabout 店里进了未上漆的原始商品，然后我自己在店的后院一个个亲手涂上植物油保养再贩卖。在我家里，这一直是老大吃早餐用的盘子，整整两年时间几乎天天都使用它。

照片前方的儿童用餐具组，功能如其名称。中间的小耙子很适合用来集中离乳食，还可以把面条类的食物切短一些方便吞食。比较靠内侧的儿童用汤匙，是我人生中第一次采购进货的手作用品之一，其独特

的造型耐人寻味。

至于旁边格纹的布巾，是老挝北部傣族人用经过草木染的棉线，以双手织成的物品。因为是双层编织，内外层有着不同的样貌，而随着使用会慢慢变得愈来愈柔软这点很棒。像我们在家里，是进餐时轻轻拧一小角用来擦拭嘴巴。

iittala 这个名为"Kartio"的系列，是设计师凯·弗兰克［Kaj Franck］在 1958 年时针对"所有人"所设计的玻璃杯。"大人"可以轻松地一手拿起饮用；"小孩"可以双手捧起就口。但是如果要用这个跟"小小孩"玩我丢你咬的游戏，可万万不行喔！

STOCKMAR｜12色蜡笔砖组
典型Project／伊藤装订｜素描本
details produkte + ideen｜Young Giant桌上型名片夹
=

这款蜡笔最好的一点，是不管重复涂画几次都还能保有透明感，可以让孩子自由研究与发掘混色的可能性，特别是它那小方砖的造型宛如彩色积木一般，很适合孩子的小手持握。而且除了可用角角画出线条，还可用侧面涂画色面。

顺道一提，STOCKMAR 的蜡笔里是没有"肤色"这个颜色的，我想这是这个企业传达对于多元人种与文化的一种开放性思考。

所谓"典范"这个词，字典里的定义是"同类东西中之模范"。而这个"典范"的素描本，是用了三层瓦楞纸重叠压制成坚固的厚实纸板作底，具有画板的功能，站着素描时能协助增加作画的稳定性。想撕下作品保存的时候，因为装订处有轧虚线，因此可以很整齐漂亮地撕下画纸。由于所生产的是标准开数的尺寸，方便收纳整理。从这个素描本的设计可以看出，这间已创业五十余年的装订制册公司一丝不苟的精神。这项产品还有个特点，就是以其为原型，后来延伸推出了类似 Rhodia 笔记本样式的便条纸。在伊藤装订公司持续着眼改良订书针装订及轧虚线这两大"典型便条纸"的构成要素之下，使得这项产品也成为"素描本中的典范"。

"常见的素材"结合"普通的点子"只会得到平庸之物；然而"前所未有的素材"加上"最不可能发想出来的创意"似乎又有那么一些不切实际；"普遍可见的素材"与"最不可能发想出来的构思"这样的结合才是最理想的。这个以铁丝、夹子、橡胶这三种随处可见材质做成的桌上型名片夹，是出自荷兰知名设计师海拉·荣格里乌斯［Hella Jongerius］之手，算是暗示其后来设计方向的早期作品之一。

STOCKMAR 蜡笔砖组
12色
－
典型 Project／伊藤装订
素描本［B4 尺寸］
白色 420×317mm
－
details produkte + ideen
Young Giant 桌上型名片夹
160×H215mm
－
斯洛伐克军用品
色铅笔 6 色 木盒
48×23×H100mm

为了整理出两家店的不同之处，在"日记"和"信纸"上写下的一些关键词，
以及一些作为空间设计发想的灵感来源。

时常接受媒体采访时被问："你以什么样的标准来挑选商品？"这样的问题，虽然我也可以就凭一股"直觉"回答，但那样的答案似乎有些敷衍，所以我干脆借这本书分享我选购的原则。

"Roundabout"与"OUTBOUND"里的商品都传达出一个共同的概念精神，那就是"多元全面性"。好比说，如果将生活中必要的元素，在横向的轴线标记出来后，再画出圆圈将之涵盖其中，而关于物品的"新或旧"、"手工制或机械生产"、"本地生产或国外进口"等这些"商品背景"则标记在纵向的轴线上，便会与这些圆相交后呈点状分布，像这样多面性结合的感觉。

最初开始从事这份工作是在 1999 年春天，那时我大学刚毕业，尚未确定未来进一步的方向，于是和处于相同状态的几名美术大学好友聚在一起，共同发起一个期间限定的店铺企划而成为日后创业的契机。Roundabout 这个店名便是那时候取的，含有"英国式的环状交通枢纽"的意思，因为我们希望它成为一个"像环状交叉点一样，让有着不同背景的人与物在此相遇交流的地方"。也不知道该说是幸还是不幸，借由这个经验，我发现了开店的乐趣，一试之后便从此持续下去了，即使从原先数个合伙成员变成自己一个人，商品的组成规划也经过种种错误尝试而有所调整改变，但是唯有"多元全面性"的这个经营方针是在取店名之际就不曾改变的。

在 Roundabout 里，所谓的"日常"元素是最重要的关键词，从包括军用品和厚实的商用食器开始，搜罗了许多"看似粗劣实则优质"的物品。而在接触这些物品的过程中，我十分欣赏有些手工制品的精美细腻纹理，深深感受到它们那不局限于具体功能性，反而带着抽象艺术性的魅力，让我觉得有必要针对一些相较之下"非日常"，却也能打动人心的物品特别设立一个空间，因此而有了第二间店 OUTBOUND 的诞生。

OUTBOUND 这个字是将 Roundabout 拆解重组后不经意发现的，原先是带有"同外发展、驶向国外去"的意思，就我个人而言更是代表着"对外传达"概念的双重意涵。相对于 Roundabout 的常态陈设，OUTBOUND 一年会通过数次企划展，持续引荐各种的生活提案和优质商品。

回到"挑选商品"这件事。从这两家店的营运模式中，我试着将所能想到的一些准则，以文字具体和大家分享。

—

1 | 历经岁月仍能让人觉得美的物品
所有的物品都会随着使用与时间有所

2008 年 OUTBOUND 开店之时寄送给客户的介绍文宣。
标示了两家店铺交通指南的设计概念也运用在店铺名片上。
只要沿着名片上的虚线剪下，包装礼物时就可当做装饰标签。

损伤或褪色，虽然会为某些物品感到可惜，但另一方面也有反而变得更耐人寻味、让人更喜爱的东西。这是非常难得的事，所以如果是像后者这样能随着时间更令人玩味的物品比较好。

2 | 自然存在，如其该有面貌的物品

不刻意引人注意的物品反而吸引我。譬如像是"化学教室里的实验器具"、"随兴跳起舞的人"、"河床上的石头"、"朴实的陶锅"……换句话说，像是把完美犯罪事件一般，彻底抹除制作者意图及风格的物品最好。

3 | 基于合理性、必然性衍生的物品

总是觉得专业职人的工具很有味道，应该是因为那形体是致力追求实用性所得出的结果。此外，动植物的美丽姿态也是带有生存策略这样确切的因素，是基于合理性进化演变而来的。这点先前也提过，促使我去思考如果仅以"个人的美感品味"去评判事物或许有失偏颇。

4 | 似曾相识的物品

这本书介绍许多白色陶瓷器与玻璃器皿的优秀作品，特别是羽原肃郎所撰写的序文让我印象非常深刻，是会让我三不五时一再翻阅的读物。

所谓好的设计，其实是去彰显以前就存在的东西；我认为优秀的设计师或创作者是去进一步探寻过往便已存在了的东西，然后在透明的轮廓上描画出实线，赋予构想具象形体的人。经由如此过程完成的物品，虽然意外地会让人有"似曾相识"的感觉，但同时我也发现这样的物品大多并不是那么容易被取代。

伊姆斯所拍摄的《关于物的二三事》当中有许多充满美感的照片。

一路走来，我经营这两家店其实受前人的影响很深，特别是在我挑选商品和决定店的精神这部分。莫纳利、柳宗理、查尔斯·伊姆斯［Charles Eames］以及非洲邦巴塔［Afrika Bambaataa］，这四人可说对我有举足轻重的影响力。先前就曾经引用过莫纳利说的话，在此再次摘录他深具联想性的阐述："维持平衡的要素与导致不平衡的原因，事实上正是完全相反的事，人会去思考一体两面，是理所当然的天性。"

曾在《民艺》杂志中的连载专栏读过柳宗理对于"无名设计"的阐释，那篇文章也时时刻刻像警钟般提醒我，默默影响着我的决策。

除此之外，与柳宗理及其父柳宗悦为世交，同时也为人熟知的工业设计大师伊姆斯对我也有极大的启发。事实上我对于他最具代表性的"Shell Chair"等一系列椅子设计，并没有太多深入了解。会受其影响反而是因为我偶然看见伊姆斯自宅的摆设中，除了有和他同世代设计师的作品外，还有我旅行时发现的各式各样工艺设计品共处同一空间，另外，他曾经在哈佛大学的"诺顿讲座"中，谈及纸捆和绳子这样看似毫无用处的小物时，毫不吝啬地表现出他的欣赏与珍视。这样一位永远贴近人类行为与情感的设计师，

他的处世态度让我十分感动与仰慕。

最后，不得不提及嘻哈文化创始者之一的非洲邦巴塔。作为一名DJ，他将爵士、放克、摇滚、节奏蓝调、灵魂乐、电子、即兴讽刺歌曲等，用独到的观点，贪心大胆地在唱盘上混合出属于他个人的混音作品。这让我想到知名民俗学学者折口信夫强烈主张的"类化能力"［在不同性质东西中发掘共通点的能力］，并使我在经营店铺时永远提醒自己也要保有这样的特质。

现在的我，尝试通过言语文字表达自己挑选商品直觉背后之原由的企图心还很强烈，即使已经开店十二年以上都未感到一丝厌倦，并打算这么持续下去，因为我还有一个理想尚未完成，那就是"组织一个让高低层次极端不同的东西与贴近生活的东西共存的空间"，而这便是我继续下去的原动力。

店里不为人知的故事
以及每日不可或缺的
必备品

"比起其他空间，厨房好像总是井然有序的一个地方"，从我学生时代在咖啡厅、茶馆打工洗盘子时，就时常思考这件事："纵使充斥着这么多的物品却也不会感到紊乱究竟原因何在？"我总对于这件事感到不可思议。直到某天我发现仅是"决定各别物品应该摆放的位置"这样单纯的方法，便可以维持一个空间的秩序，那时的体悟在往后我自己开店的时候也派上了用场。现在 Roundabout 里其实没有收款机，说出来读者们可能会认为我在开玩笑。以前本来是用一台塑料制的玩具收银机，开店当时觉得那样就够用，但伴随着我度过开店初期的几年后，便故障退休了。在还未找到合适的收款机之前，暂时以能收纳零钱的盒子顶着用。另外，咖啡色的电子计算器其实是几年前店里贩卖的商品，目前正等待有朝一日重新上架；在德国跳蚤市场入手的铜制桌饰，被拿来当做固定刷卡签单复写本的纸镇；而从已倒闭的活版印刷工厂流出的铁制小零件，拿来插三菱的圆珠笔刚刚好；放置溶剂[除胶液]的三角锥形容器本来外表有一层橘色的漆，渐渐剥落之后好像产生了另一种丰富的面貌；找钱用的碟子则是用渡边力所设计的"Uni-Tray"系列中型尺寸的盘子。

店里柜台右手边叠置了五个原为瑞典军用品的木箱，对我而言可说是"如

层叠摆放的瑞典军用品木箱，和无印良品的文件数据夹及档案收纳盒，简直是为彼此量身定做的契合。

可拉取的档案盒中放的是店章、发票、邮票、盖骑缝章用的印鉴及日期章等。

生命般重要的木箱"，是 OUTBOUND 里不可缺少的家具。我在箱子上钻了洞，可以将电线等集中收纳在箱子背面，里头放置了无印良品的厚纸板数据盒，收纳店里的商品数据及其他需要时常拿取的东西。除此之外，电话、刷卡机和多功能事务机都适得其所。最下层的木箱则放了收纳打字机的附把手箱子、置放备用纸类的箱子、收放调制解调器及相关器材类的箱子等。总之到了最后，男人就是得依赖箱子而活啊……

柜台另一侧则堆放德国军用品的木箱，用来收放捆包材料和纸袋等用品。我

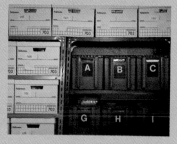

上 | 置物架的宽度与深度和收纳箱尺寸之间的关系十分重要。还有，组装式轻钢架为了避免地震时摇晃倒场，必须以螺栓固定于背后墙面。
下 | 这是 Roundabout 的收款机，以盒中盒的方式区分收纳，灵感来自于便当盒。

柜台上的七样必用品，缺一不可。尤其是目前暂无替代品的咖啡色电子计算器，可要好好再撑段时间呐。

Babaghuri 的胶带台在 OUTBOUND 的
柜台上是个好帮手
脱谷用的农务用具恰可用来展示宣传用的明信片

上丨德国军用木箱两个叠放在一起，便可以收纳
皱纹纸、气泡纸等缓冲材料以及纸袋等用品。最下
层放深度较浅的瑞典军用木箱和 XEROX 工厂释
出的铁箱，可当做拉取式的抽屉来使用。
左丨这个可以抽拉包装用麻绳的装置，是把野田
珐琅的漏斗用瓦斯管用的五金零件固定在桌上，
空隙处再夹一层皮革加强摩擦力，稳固好用。

还加装了滑轮，使其可以轻松移动位
置，且四边木板加了金属边条强化。
深度较浅的瑞典军用品木箱，以及这
本书里也有介绍的 XEROX 工厂释出
的铁盒，各自发挥其便利取用的收纳
功能。

将包装用的麻绳放在漏斗架上这个装
置创意，其实并不是我自己的原创想
法。几年前听闻我从未特别关心过的
生活居家名人马莎·斯图沃特 [Martha
Stewart] 因逃漏税而被捕的消息时，对
于她究竟为何要曾找曾到这种地步我
突然感到非常好奇。恰巧在图书馆看
到她过去出版的书，随便翻了一下发
现里面其实有不少可以当做参考的丰
富点子。书中的构想只是粗率地将漏

斗钉着，但身为农耕民族务实的我，
用了五金零件和皮革将它牢牢固定住。
箱子是收纳库存品功不可没的角色，
厚瓦楞纸材质的一个个白色纸箱，
是名为 Fellowes 的制造商所生产的
"Bankers Box"，很适合用来收纳衣物
类商品。塑胶制的深灰色箱子是以前
东德邮局使用的物品，我把它拿来收
放一些文具、厨房用品及玩具等。除
此之外，为了方便管理库存品，我在
前者贴上了三位数的识别编号；后者
则贴了英文字母标示按照顺序排列。
OUTBOUND 的柜台内部已充分规划
了收纳空间，因此视线所及之外摆放
的物品能少就少。桌上放的胶带台我
也有在本书中介绍，是来自 Babaghuri
的南部铁器制物，透明褐色的药水瓶
里插的是柜台所使用的圆珠笔。店里
不定期举行展览，总会印制些明信片
小卡宣传，有段时间很烦恼不知怎么
摆放这些卡片，正好那时入手了捷克
人过去曾经用来脱谷的古董农务用具，

将把手朝下放置时，发现正好适合用
来插放明信片。其实我正想借着再找
一个 Roundabout 也能用的类似物品这
个名目，心里偷偷盘算着再到捷克出
差呢。

关于店门口雨伞摆放的问题，一直都
找不到适切的家饰品，直到几年前找
到这个美国古董牛奶桶，问题才得以
解决。于是我一口气进了好几个，一
个用于 Roundabout，一个留在自家用，
剩下的便放到店里贩卖。但没想到过
没多久 OUTBOUND 就开幕了，只好
把家里那个拿到店里用，现在反而家
里缺一个伞架呀。

这个两家店里都有摆的美国古董牛奶桶，
足够的重量即使放了雨伞也不会倾倒，
简直是伞架问题的模范解答。

收纳箱有各种尺寸
挖掘彼此的可能性
是我最大的乐趣

"人生始于篮子终于箱子"，似乎是很贴切的形容，每个人刚出生时都在摇篮里备受呵护，最后在称作棺材的箱子里终结一生。这和我以前爱哼唱的一首歌里写的"女人爱篮子如同男人爱箱子"的说法似乎也有些关联吧。

总而言之，我个人也非常喜欢大箱子。对我而言箱子有两个面向，一种是作为"实际使用的箱子"，另一种是"基于嗜好而收藏的箱子"。前者的价值取决于当中收纳的物品和箱子尺寸之间的相对关系；而后者的价值则完全由喜欢这箱子的拥有者的主观喜好决定。只不过，要去评价作为收藏性质的箱子，其素材、质感、颜色、形体都是影响因素，且终究还是和箱子的尺寸有很大的关联。换句话说，不管当做何种性质的箱子，"箱子"和"尺寸"总有着密不可分的对应关系。

有一次，正好想寻找能刚好收纳某样物品的容器之际，偶然发现手边的箱子和那样东西的尺寸不谋而合，就像是苦思了很久无法完成的拼图找到了最后失落的那一片般令人欣喜，这种巧合简直是好几年才会发生一次的几率啊。那时我不禁怀疑，是不是有所谓的"测量之神"眷顾着我，那真是人生当中极度开心的一刻。

在此我也想来分享一下我自己家中爱用的各式各样迷人的箱子。

两个叠放在一起的捷克制古董皮箱里，

放满了我收藏的 CD；上面几个瑞典军用纸箱则收放一些笔记本等相关文具；桌面上放置的有盖木箱用来收纳文件。说到这，经济学者野口悠纪雄氏发想的"超级整理术"让我获益良多，像是水电费和信用卡账单我都分门别类地整理收纳。不过之后打算买台扫描仪，

这些或许就会全部处理掉了，到时候这个箱子如果放得下扫描仪就好了。

我自己在家里是以瑞士军用品的折叠推车架，定位出计算机办公空间。隔板以下的架子也放置了各种大小尺寸的箱子等着派上用场的一日，有些则拿来收纳印表机替换的墨盒、信封信纸组和充电器等办公用品。

即使是系统柜里放的也是箱子。上层

左｜在这个有盖的木箱里，收纳了我用两种不同尺寸牛皮纸袋分类的数据，不过估计迟早都会被扫描仪取代。
下｜捷克制的皮箱稍微有点深度，拿来收放 CD 刚刚好。至于木制的膝簧桌以前则被拿来当微簧桌使用。

我在折叠推车架上放了藏好的木板当磁铁板档，
下方堆齐了各种纸箱，其实拿取收放有些困难

放的是无印良品回收纸做的纸箱，现
在已变成绝版商品买不到了，有点后
悔当初没多买几个堆在家里。箱子里
放的是水壶、纸杯、纸餐盘等野餐用
品；中间那层一个个文库本尺寸的瓦
楞纸箱里，则是些简单的工具类用品；
最下面那层放的黄色纸箱，本来其实
是装德国著名的国王路德维希小麦白
啤酒，被我拿来放些扫除清洁用具。
右图绿色金属制并附有隔板的柜子原
本是美军用品，作为医疗用品柜。其
正面与背面都附有一个可折叠的盖子，
不管在室内还是室外都可以使用。三

有时间的话，扫除将系统柜里一个个纸箱
都标上编号方便辨识寻找

层柜最上面一层放的是传真机；最下
面放的则是前面提过的无印良品用回
收纸制作的纸箱、在澳洲墨尔本淘到
的雪茄纸盒，还有珠宝店用过的纸盒
等；中间那层放的木箱，也是到澳洲
墨尔本采购时无意间找到而带回来的
东西，当我将它搬回家试着放进柜子
发现尺寸刚好合适时，深深觉得"我
今年向测量之神借来的好运，大概都
用光了吧！"

上回搬起除柜用插船，单它身无发生的奇迹，差
多年来"测量之神"再次对我发出我赞赏！
下┐这个墨尔本带回来的木箱，尺寸恰如大作之
合 目前暂时拿来放小孩的绘画作品等

借由搜集与陈列各种物品
就能在生活中营造出属于自己的
舒服自在感

现在的住家是间屋龄三十五年的独栋房子，算算搬进来也已三年了。客厅与饭厅整个是开放相连的，墙壁都铺上木头，而从窗户可以欣赏到相邻的山林树影，颇有点山中小屋的度假感。一整面墙做了系统柜，不仅收纳一些书籍和CD，也是我个人收藏品的陈列处，对我而言可说代表了各种意义的一个重要空间。如果要说有什么是搬来这里生活后新买的，称的上家具的东西，大概就只有这张在朋友店里收购来的餐桌吧［在之前的住处，都是用一张折叠的木制野餐桌当餐桌］。靠北侧大片玻璃窗下的墙面，我放了好几个

这木箱是欧洲农家拿来放置采收下来的马铃薯的，在店里也被当作家具活用。只是不知道这样的摆设会维持到何时呢？这就要看家里那颗小好奇心的旺盛程度了。

从以前我就莫名向往所谓的"系统收纳柜"，一直到搬进这个家才终于有机会定做一个。因为太开心了，时常会依心情改变摆设，东挪西移乐在其中。无论是在国外淘到的古董，或是互有交流的创作者的作品等各色装饰，填满了架上空间也丰富了生活。正中央的素描作品是藤川孝之的创作。

原先用来放置采收下来的马铃薯的木箱当做柜子，摆放着我收藏的摄影集和在国外淘到的一些古董用具，也挺有意思的。只不过最近才刚学会走路的老二，看起来像个小小检察官，每天认真好奇地研究东研究西，我想这幅景象或许过不久就得被迫更动了。

我家并没有什么大型的收纳型家具，反而是活用在其他篇章介绍过、在店里也是不可缺少的大功臣——瑞典军用品木箱——来做大部分的收纳。尤其用来放黑胶唱片时，我对它的可容纳尺寸竟能发挥这么优秀的收纳功能

这个家最大的魅力之一，
便是晨光照射进来时那种温暖柔和的感觉。
餐桌是丹麦的家具，来自英国字玛原的折叠椅，
收起来刚好可以挂在墙板两侧，而椅本来就是一整阳

叠放了两层的"如生命般重要的箱子"，
上头放的是古董玻璃瓶，一些原文书籍或
偶尔拿老大在幼儿园里的美劳作品随兴装饰
照片的最前方则是法国军用急救木箱。

感到非常吃惊，几乎让我怀疑非同盟
中立国家的军队内部，是不是有一个
秘密 DJ 部队，否则怎能设计制作出
尺寸如此合适的箱子？我在箱子最上
方盖了一块木板，可以摆放唱盘和其
他小装饰品，像骑着自行车的人偶是
来自葡萄牙的小玩意，是我在京桥的
POSTALCO 专卖店里买到的珍藏。

木头的墙面也有其用处。有次杂志来
采访摄影时，我要把老大的洋装挂到
墙壁上，才发现上面横向的沟槽其实
挺好用的。最近这面墙都成了孩子们
展示画作的地方。

在一个令人放松的生活空间当中，如
果在简约冷调的家具里多多少少加些
暖色调的东西作点缀，便会有舒适的
感觉。像在沙发盖上一条印度民俗风
刺绣的大布巾，以基里姆花毯为材质
做成的抱枕套，还有边角都被婴儿时
期的孩子们给拉出须须来的波斯地毯，
这些都是偶然进驻家里，一直以来默
默营造出"温馨居家感"的物品。

客厅里两人坐的沙发，是爱媛县松山市的家具工坊 Tower 生产的，
为早期在东京还有设工厂的时代，Roundabout 引进的家具。
沙发前方的小茶几则是与太太一起造访德国时，在柏林发现带时回来的家具。

无印良品的环保收纳柜像是一个延长文具寿命的
存在，好好收在里头就不会一天到晚不见了。不
过柜与物品之间的尺寸关系还是十分重要。

玄关一隅对我而言，
是家里与外头的缓冲地带，
裱了框的版画装饰
是艺术家好友松永的作品

小林和人 | 作者

1975 年生于东京,幼年至青少年时期曾经在澳洲与新加坡生活。1999 年自多摩美术大学毕业后便在吉祥寺开设 Roundabout,专门贩卖东西方既实用又具设计感的生活用品杂货。2008 年又另开一间名为 OUTBOUND 的店,主要引荐一些非日常生活会用到、较偏收藏性质的器物。目前两家店所有商品的采购,以及店里不定期更换的陈列设计都由其一手包办,一年还会企划数次的展览活动。

邱喜丽 | 译者

加拿大英属哥伦比亚大学主修日文,副修法文系毕业。对观察日本文化、生活现象、美学及日本娱乐、音乐欣赏抱持恹厚兴趣。曾仁女性流行杂志与图文书编辑,离开编辑一职后转为 SOHO 工作者,主要从事翻译,及其他审书、编辑、采访、文案撰写等不同形式的文字工作。

Roundabout
http://roundabout.to/

OUTBOUND
东京都武藏野市吉祥寺本町 2-7-4-101
11:00 - 19:00
星期二公休
http://outbound.to/

永恒如新的日常设计
timeless, self-evident

日文版 制作团队

构成
Noriko Tanaka

造型
小林和人

摄影
五十岚隆裕[520]

设计
森大志郎＋川村格夫

图书在版编目(CIP)数据

永恒如新的日常设计 / (日) 小林和人著；邱喜丽译.
— 桂林：广西师范大学出版社, 2015.8（2016.5重印）

ISBN 978-7-5495-6810-9

Ⅰ.①永… Ⅱ.①小… ②邱… Ⅲ.①产品设计

Ⅳ.①TB472

中国版本图书馆CIP数据核字(2015)第124837号

广西师范大学出版社出版发行

　桂林市中华路22号 邮政编码：541001
　网址：www.bbtpress.com

出 版 人　张艺兵
责任编辑　王罕历
内文制作　裴雷思

全国新华书店经销

发行热线：010-64284815

北京荣宝燕泰印务有限公司

开本：787mm×1092mm　1/16
印张：8.25 字数：100千字
2015年8月第1版　2016年5月第2次印刷
定价：58.00元

如发现印装质量问题，影响阅读，请与印刷厂联系调换。